植物物候对环境变化的响应与调控机制

周广胜　何奇瑾　吕晓敏　著

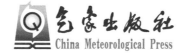

气象出版社
China Meteorological Press

内 容 简 介

　　本书以气候变化剧烈且影响严重的寒温带落叶针叶林优势植物兴安落叶松、暖温带落叶阔叶林优势植物蒙古栎和典型草原建群植物克氏针茅为研究对象,揭示了物候对温度、降水、日照时数和氮沉降量等多环境因子的响应和生理生态调控机制,提出了物候变化的全气候生产要素概念,明确了物候变化的全气候生产要素阈值,丰富了对物候响应环境变化的认知。本书内容可作为生态学、大气科学、遥感等专业的研究案例,对从事全球变化的科研与管理人员也有较高的参考价值。

图书在版编目（ＣＩＰ）数据

植物物候对环境变化的响应与调控机制 / 周广胜等
著. -- 北京 : 气象出版社, 2023.11
ISBN 978-7-5029-8094-8

Ⅰ. ①植… Ⅱ. ①周… Ⅲ. ①植物－物候学－研究
Ⅳ. ①Q948.119

中国国家版本馆CIP数据核字(2023)第215553号

植物物候对环境变化的响应与调控机制
Zhiwu Wuhou dui Huanjing Bianhua de Xiangying yu Tiaokong Jizhi

出版发行：气象出版社

地　　址：北京市海淀区中关村南大街 46 号　　　　邮政编码：100081

电　　话：010-68407112(总编室)　010-68408042(发行部)

网　　址：http://www.qxcbs.com　　　　**E-mail:**　qxcbs@cma.gov.cn

责任编辑：张　斌　　　　　　　　　　　终　　审：王存忠

责任校对：张硕杰　　　　　　　　　　　责任技编：赵相宁

封面设计：艺点设计

印　　刷：北京建宏印刷有限公司

开　　本：787 mm×1092 mm　1/16　　　　印　　张：9.75

字　　数：250 千字

版　　次：2023 年 11 月第 1 版　　　　　印　　次：2023 年 11 月第 1 次印刷

定　　价：100.00 元

　　植物物候期指自然界中植物以年为周期重复出现的周期性生物事件发生的时间,被认为是自然界中对气候变化响应最灵敏且最容易观察到的标志性生物指标,是生态系统过程和生物圈对气候系统反馈的关键指示器。植物生长周期,如植物叶的开始、结束和持续时间,决定了生态系统的物质生产和固碳、作物产量以及生态系统与大气之间水、热交换的时间。开展植物物候研究有助于增进对生态系统响应气候变化的理解,特别是通过物候模型与陆地生态系统动态模型、作物模型和全球气候模式的耦合,可以提高对生态系统-大气间能量与物质交换的模拟精度,准确评估生态系统生产力与碳收支等,提高农业气象灾害预防能力、农业生产管理水平以及农业产量,还可以提升气候预测预估水平。正因为如此,物候变化机制及其模型研究一直是农业、林业、生态学、大气科学等学科的研究重点与热点。

　　尽管关于气候对物候的影响已经开展了大量研究,但这些研究大都仅考虑单一气候因子或少数几个气候因子的影响,涉及多气候因子相互作用影响的研究仍很少,更没有涉及植物全气候生产要素相互作用的影响研究。例如,温度和光周期协同控制春季物候,不同驱动因素是同时作用于植物或是根据不同发育阶段有序进行;冬季植物休眠何时开始,休眠芽何时开始对春季上升的温度有响应等。物候模型尽管已经从统计模型发展到机理模型,但受对物候变化机制认识的限制,特别是实验研究通常关注特定物种,这些物候模型并不能反映植被生长的真实性,也不能有效模拟物候期,难以应用到其他区域。因此,全面认识物候变化并实现植物物候的预测预估,迫切需要弄清植物物候对多环境要素的响应机制。

　　本专著是在国家重点研发计划项目"中国植被物候对全球变化的响应机制及未来趋势"的课题"植物物候对环境要素响应的生理生态机制"(2018YFA0606103)资助下完成的。专著围绕植物物候对多环境因子变化响应的生理生态机制这一研究目标,选取气候变化剧烈且影响严重的寒温带落叶针叶林优势植物兴安落叶松、暖温带落叶阔叶林优势植物蒙古栎和典型草原建群植物克氏针茅为研究对象,采用定位观测、样带调查、原位控制实验和人工气候箱控制实验等相结合方法,经过近 5 年的观测研究,阐明了典型森林、草原优势植物的主要物候期对温度、降水、光周期和氮沉降等多环境因子变化及其协同作用的响应规律,揭示了典型森林和草原的优势植物主要物候期对多环境因子变化及其协同作用响应的生理生态机制,提出了物候变化的全气候生产要素概念,明确了物候变化的全气候生产要素阈值。研究成果丰富了物候对环境变化响应的认知,并为物候机理模型的构建提供依据。本书可作为生态学、大气科学、遥感科学等专业的研究案例,对从事全球变化的科技与管理人员富有裨益。

由于编者在知识积累、文献储备和实际研究经验等方面的局限,错误和疏漏在所难免,敬请读者批评指正。

著 者

2023 年 4 月 21 日

目　　录

第 1 章 绪 论

物候学是研究自然界植物(包括农作物)、动物和环境条件(气候、水文、土壤)的周期变化及其相互关系的科学(竺可桢 等,1973)。植物物候期指自然界中植物以年为周期重复出现的周期性生物事件发生的时间(Yun et al.,2018),如返青期、开花期和枯黄期等。植物物候被认为是自然界中对气候变化响应最灵敏且最容易观察到的标志性生物指标(Badeck et al.,2004),也是生态系统过程和生物圈对气候系统反馈的关键指示器(Cong et al.,2012)。植物生长周期,如植物叶的开始、结束和持续时间,决定生态系统的物质生产和固碳(Piao et al.,2008)、作物产量以及生态系统与大气之间水、热交换的时间(Peñuelas et al.,2009)。因此,物候变化不仅显著影响全球碳循环(Keeling et al.,1996)和粮食安全,而且影响大气环流模式的预测效果(Chase et al.,1996)。

当前,全球气候正经历着以变暖为显著特征的变化趋势。2011—2020 年全球地表平均温度比 19 世纪末高 1.09 ℃(0.95~1.20 ℃),全球气候系统持续暖干化正在发生;相较于1985—1990 年,21 世纪全球地表平均温度升幅可能超过 1.5~2.0 ℃,预测到 2100 年,升幅可能为 1.5~5.8 ℃(IPCC,2021)。气候变化背景下不仅平均气候状态发生变化,而且极端天气、气候事件的强度和频率呈增大趋势(周广胜,2015;周波涛 等,2021),尤其是变暖将进一步增强大气蒸发,加剧全球干旱,使得干旱发生频率和干旱严重程度增强的区域面积剧增(姜大膀 等,2021)。气候变化及其导致的干旱等极端事件将严重影响植物物候,并由此导致生态系统结构、功能和生产力发生变化(Sun et al.,2022)。

植物物候研究可以增进人们对生态系统响应气候变化的理解,特别是物候模型通过与陆地生态系统动态模型、作物模型和全球气候模式的耦合,可以提高生态系统-大气间能量与物质交换的模拟精度,准确评估生态系统生产力与碳收支等,提高农业气象灾害预防能力、农业生产管理水平以及农业产量,还可以提升气候预测、预估水平。正因为如此,物候变化机制及其模型研究一直是农业、林业、生态学、大气科学等学科的研究重点与热点。

1.1 植物物候变化

随着全球变暖,大部分物种春季物候呈提前趋势(Ge et al.,2015),且春季物候期越早,提前趋势越显著(Panchen et al.,2014);秋季物候则因研究区域不同而不同。1971—2000 年欧洲 21 国的 542 种植物物候观测表明,78% 的植物展叶、开花、结实物候呈提前趋势(30% 显著),只有 3% 的明显推迟(Menzel et al.,2006a)。有关文献报道的 677 个物种(观测时段 16~132 a)春季物候变化评估表明,随气候变化有 62% 的物种呈提前趋势,27% 的物种没有发生显著变化,而有 9% 的物种呈推迟趋势,2% 的物种受到非气候因素干扰(Parmesan et al.,2003)。与春季物候研究相比,秋季物候(如叶变色、落叶等物候期)的观测研究较少(Gallinat et al.,

2015)。1971—2000 年欧洲 21 国的 542 种植物物候观测表明,植物秋季叶变色期变化趋势不明显(48%提前,52%推迟)(Menzel et al.,2006b)。但是,中国和北美地区的植物秋季物候期推迟显著(Ge et al.,2015)。物候变化速率的区域差异很大(Wang et al.,2015),欧洲 21 国的植物春季和夏季物候每 10 a 提前 2.5 d;中国 1981—2011 年 61 个站的植物春季展叶期每 10 a 提前 5.5 d(Ge et al.,2015),较欧洲和北美提前幅度更大。中国 1981—2011 年植物秋季物候期每 10 a 推迟 2.6 d(Ge et al.,2015)、北美每 10 a 推迟 2.4~3.6 d(Gallinat et al.,2015)。

气候变化背景下,作物物候也发生显著变化。美国大平原、澳大利亚、阿根廷以及德国等地的冬小麦抽穗期和开花期均因气温升高,尤其是春季气温升高呈提前趋势(Hu et al.,2005;Sadras et al.,2006;Eyshi et al.,2015)。中国作物物候研究主要集中在小麦、玉米、水稻 3 大粮食作物的播种期/出苗期(水稻为移栽期)、抽穗期/开花期、成熟期、营养生长期、生殖生长期以及全生育期(赵彦茜 等,2019)。中国大陆农业气象观测站统计数据显示,40%的站春小麦和冬小麦抽穗期和成熟期显著提前,60%的站生殖生长期显著延长,30%的站全生育期和营养生长期显著缩短(Tao et al.,2012,2014a)。58.9%的站玉米抽穗期提前,41.1%的站玉米全生育期显著延长。在单纯气温升高(农业管理措施保持不变)情况下,中国大陆约 80%的站玉米抽穗期和成熟期提前,全生育期缩短(Tao et al.,2014b)。中国大陆单季稻和双季稻的移栽期、抽穗期、成熟期提前,早熟稻、晚熟稻和单季稻全生育期均呈延长趋势(Zhang et al.,2014;Wang et al.,2017)。全球变暖对单季稻、早熟稻、晚熟稻生育期变化的贡献比例分别为 -40%、-45%和-35%,品种更新对生育期变化的贡献比例则分别为 58%、44%和 37%,二者对水稻生育期的影响均不可忽视(Tao et al.,2013;Hu et al.,2017)。

1.2　植物物候变化机制

植物物候是植物与环境相互作用的结果,不仅体现了植物对环境的适应,也与植物生物学特性及管理措施(如农作物)有关。物候变化的驱动因素主要包括环境(气候、土壤和生物)和管理措施(代武君 等,2020),其中气候是影响植物生长发育最重要的因素,是植物形态构建、生理生化变化的基础(Hossain et al.,2012)。关于物候变化的气候驱动因素研究主要集中在温度、光周期和水分(降水或空气湿度)等方面。

1.2.1　温度

温度控制着植物生长速度,影响植物生长周期的基本生理过程,在决定物候期和生长季长度方面发挥着重要作用。升温使温带和北方林区的春季物候提前(Richardson et al.,2010),秋季物候推迟(Jeong et al.,2011);副热带地区的植物物候则需要考虑春化作用(Song et al.,2020)。尽管不同植物物候对春化和热量需求大不相同(Vitasse et al.,2010),但是植物物候对温度响应的方向甚至数量是一致的(Vitasse et al.,2009)。研究表明,剧烈的变暖和展叶不是直线关系,还受低温和光周期日照时数等因素的调节(Fu et al.,2013;Pletsers et al.,2015),而温度对秋季物候的影响较弱,这是因为秋季物候是受温度与其他环境因子综合作用的结果(Estrella et al.,2006;Tao et al.,2018),即物候变化通常是由温度和多个因素共同作用的结果。

1.2.2 光周期

植物对昼夜长短的响应称为光周期现象。所有物种均存在光周期效应,且光周期效应对春季物候很重要(Laube et al.,2013)。通常,长光周期能促进晚春花蕾发育,部分补偿春季物候的冬季春化不足(Way et al.,2015);短光周期增加植物的热量需求,通过减缓早春萌芽避免叶片受到霜冻危害(Pletsers et al.,2015;Fu et al.,2019a),并且,光周期缩短还能导致寒冷地区植物叶片衰老提前(Lang et al.,2019)。光周期对春季物候的影响因物种、区域气候、研究方法和研究时段的不同而不同,这是因为光周期通过改变热量与春化需求的非线性关系间接影响春季物候(Fu et al.,2019a)。目前关于光周期与其他环境因子相互作用调控春季物候的机制仍不清楚(Fu et al.,2020)。光周期对秋季物候的影响机制较为明确(Way et al.,2015),秋季日长持续缩短是引起生长停止的关键环境因素。

1.2.3 水分

水分是影响物候的重要因子,尤其是在干旱半干旱地区,通常用降水量或空气湿度表示。水分不足制约着干旱半干旱区植物的光能利用和热量利用,半干旱区植物物候与降水量呈正相关关系(Prevéy et al.,2015;Liu et al.,2016;Tao et al.,2017)。森林植物物候对降水的响应与草原不同,降水通过影响辐射和热量需求间接影响物候。降水量增大引起秋季物候提前(Xie et al.,2015),但目前关于降水对秋季物候的影响研究仍很少(Fu et al.,2020)。关于空气湿度对物候的影响研究大多限于实验研究,基于自然观测的研究很少(Fu et al.,2020)。通常认为,空气湿度是影响春季物候的重要因子,但其对物候的影响与物种有关(Laube et al.,2014)。

1.2.4 极端天气、气候事件

极端天气、气候事件(简称极端事件)指某个异常天气或气候变量发生高于(或低于)观测值区间的上限(或下限)的事件(IPCC,2012)。气候变化背景下干旱、强降雨、高温热浪等极端事件呈不断增多与增强趋势(IPCC,2013),显著影响植物物候。温带地区冬末早春极端升温事件使植物返青期提前(Crabbe et al.,2016),花期提前或秋季出现二次开花,一些物种花期推迟到初冬甚至不能开花(Luterbacher et al.,2007)。秋季极端升温事件推迟植物枯黄期,延长生长季(Ramming et al.,2015),并显著提前来年的春季返青期(Crabbe et al.,2016)。极端升温还缩小了城市和农村地区春季物候的差异(Jochner,2011)。春季极端干旱对花期影响结论不一,如生长季初期极端干旱使青藏高原高寒草甸植被群落开花期提前 2.3 d,旺季极端干旱显著缩短花期持续时间(牟成香 等,2013)。极端干旱使金龟子(*Genista tinctoria*)的盛花期明显推迟 1 个月,但对花期长度没有影响;对石楠(*Calluna vulgaris*)的盛花期则没有影响,但整个花期延长 6~10 d;极端降雨使金龟子的盛花期提前,花期长度缩短 2 个月,而对石楠盛花期没有影响,但整个花期缩短 4 d(Nagy et al.,2013)。寒冷、霜冻、湿润条件和热浪使落叶林更早进入休眠期,结束生长;中度的高温和干旱胁迫则使得植物推迟进入休眠期,且不同地点的落叶林秋季物候对极端气候的非线性响应存在差异(Xie et al.,2015)。目前,关于物候对极端事件的响应机制仍不清楚(Friedl et al.,2014;Crabbe et al.,2016)。

1.3　植物物候模拟

全球气候变化研究使得物候受到高度关注,但是关于物候模型的研究有限且不足(Fu et al.,2020)。物候模型研究可以追溯到 18 世纪,Reaumur(1735)首次建立了生长度日模型(又称单阶段模型),该模型简单地假设植物展叶前只经历生态休眠阶段。尽管关于内休眠和生态休眠的联系仍不清楚,但研究发现环境因子是影响物候的关键因子。据此,物候模型从单阶段模型进入双阶段模型,如顺序模型(sequential model)中生态休眠直到春化需求满足时才发生,不同休眠阶段按顺序各自独立发生;平行模型(parallel model)假设内休眠和生态休眠在时间上是重叠的(Landsberg,1974)。随后,关于发芽期间存在内休眠和生态休眠相互作用(Kramer,1994),甚至包括两个以上休眠阶段的观点被提出,如深度休眠模型(deeping rest model)(Kobayashi et al.,1999)和四阶段模型(Four phase model)(Hänninen,1990),这些模型均假设春季物候仅由温度引发。近年来,春季物候模型也开始考虑光周期效应,如 DORN-PHOT 模型(Caffarra et al.,2011)。受物候资料的数量与质量限制,秋季物候模型研究仍很少。秋季物候通常受光周期和温度的共同作用。Delpierre 等(2009)和 Lang 等(2019)认为秋季物候由光周期和最低温度共同决定,分别提出冷度日模型和温度与光周期乘积模型。

1.4　植物物候研究展望

尽管关于气候对物候的影响已经开展了大量研究,但这些研究大都仅考虑单一气候因子或少数几个气候因子的影响(刘玉洁 等,2020;代武君 等,2020),涉及多气候因子相互作用影响的研究仍很少,更未涉及植物全物候受多生产要素共同作用的研究。例如,温度和光周期协同控制春季物候,不同驱动因素同时作用于植物或是根据不同发育阶段有序进行;冬季植物休眠何时开始,休眠芽何时开始对春季上升的温度有响应等。

目前,物候模型已经从统计模型发展到机理模型,并已经广泛用于缺乏数据地区的物候模拟和未来气候变化影响预估(Fu et al.,2020)。但是,受物候变化机制认识限制,特别是实验研究通常只关注特定物种,这些物候模型并不能反映植被生长的真实性,也不能有效模拟物候期(Hänninen et al.,2019),主要原因在于:①模型主要是针对某个特定物候期及影响因子建立的,没有包含所有物候期的所有影响因子,难以应用于未来气候变化条件下的物候预估;②模型没有体现生物因子、环境因子及其相互作用;③模型还不能体现极端天气、气候事件的影响;④模型主要是针对某个特定区域植物物候期及影响因子建立,难以应用到其他区域。目前的物候模型主要来自温带和北方林地区,这些地区植物物候的驱动机制与亚热带、热带地区并不完全相同,使得这些模型难以在温带和北方林地区以外的区域推广应用。

因此,全面认识物候变化并实现植物物候的预测、预估,迫切需要弄清植物物候对多环境要素的响应机制。本书将围绕植物物候对多环境要素响应的生理、生态机制这一关键科学问题,选择气候变化剧烈且影响严重的寒温带落叶针叶林优势植物兴安落叶松、暖温带落叶阔叶林优势植物蒙古栎和典型草原建群植物克氏针茅为研究对象,采用样带调查、原位控制试验,观测多环境因子及其交互作用下植物主要物候期变化,阐明典型森林、草原优势植物主要物候对多环境因子(温度、降水、光周期和氮沉降)变化的响应规律,研究主要物候期与氮沉降、光周

期、温度和降水的定量关系,揭示典型森林和草原优势植物主要物候对环境要素变化及其交互
效应的生理、生态响应机制和发生阈值,增进物候对环境要素变化响应的认识并为物候机理模
型的构建提供依据。

第 2 章　　植物物候对环境要素响应研究方案

　　围绕揭示植物物候对多种环境因子的生理、生态响应机制这一研究目标,选择气候变化剧烈且影响严重的寒温带落叶针叶林优势植物兴安落叶松、暖温带落叶阔叶林优势植物蒙古栎和典型草原建群植物克氏针茅为研究对象,利用植物生理、生态和分子生物学相结合方法,采用定位观测、样带调查、原位控制试验和多环境因子相互作用模拟试验,观测多环境因子及其交互作用下植物主要物候期(木本:芽开放期、展叶期、开花期和落叶期;草本:返青期、抽穗期和枯黄期)及关键基因、蛋白表达量和代谢产物含量变化。以植物光合生理、生态为切入点,通过对试验数据的归因分析、路径分析和主成分分析,阐明典型森林、草原优势植物主要物候对多环境因子(温度、降水、光周期和氮沉降)变化的响应规律,研究主要物候期与氮沉降、光周期、温度和降水的定量关系,揭示典型森林和草原优势植物主要物候对环境要素变化及其交互效应的生理、生态响应机制和发生阈值;利用生物信息学方法筛选优势植物从自然休眠诱导到休眠解除、芽开放过程中表达量发生明显变化的相关基因、功能蛋白和代谢产物,检测筛选出的关键基因、功能蛋白和代谢产物含量变化,揭示环境要素影响物候期变化的分子生物学机制,增进对物候受环境要素变化影响的认识,为物候机理模型的构建提供依据(图 2.1)。

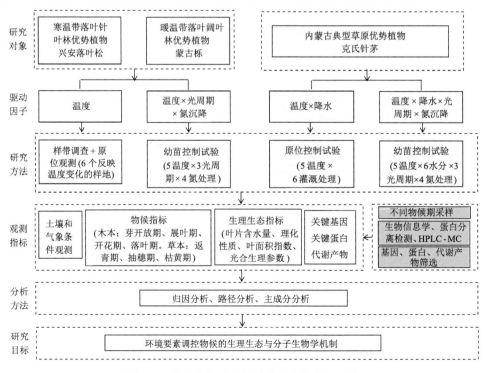

图 2.1　植物物候对环境要素响应的技术路线

2.1　典型森林植物物候对环境要素的响应

中国位于地球环境变化速率最大的季风区,拥有世界第三极之称的青藏高原及多样化的森林、草原、荒漠、湿地、农田、海洋和海岸等生态系统,受气候变化影响较强。东北地区地处中高纬度,气候变化幅度大,是气候变化的敏感区与巨大的碳汇区。1961—2017 年,东北地区年均气温上升速率达 0.31 ℃/(10 a),显著高于全国同期和全球近 50 年的气温上升速率。东北地区是中国乃至东北亚地区重要的生态屏障。该地区的森林、草原、湿地和农田不仅是全球陆地生态系统的主要类型,亦是中国主要的地表类型。东北地区多年冻土区位于欧亚大陆多年冻土区的南缘,面积约 39 万 km²,位于 46°30′~53°30′N,受气候变化影响更为强烈。东北森林带是中国"两屏三带"生态安全战略格局的重要组成部分。该地区过去不合理的森林砍伐和农垦等造成了生态系统的严重退化,近年来通过实施天然林保护、"三北"防护林工程、退耕还林草等国家生态保护与修复工程,生态环境得到了全面恢复,使得该地区土地利用类型丰富,是当前全球变化研究的热点区域。

兴安落叶松(*Larix gmelinii*)是东北大兴安岭地区的主要乔木树种,对气候变化较敏感,主要分布在内蒙古呼伦贝尔到黑龙江大兴安岭一带。黑龙江省中南部多为平原,黑龙江省西北部为小兴安岭山地和丘陵,内蒙古呼伦贝尔地区为蒙古高原和大兴安岭山地。兴安落叶松分布区的土壤类型主要为暗棕壤和寒棕壤。气候变化引起的东北地区气候呈暖干化使得兴安落叶松的地理分布范围逐渐北移,未来甚至可能从中国消失。兴安落叶松是强喜光树种,不同光环境将影响其物候。气候变化背景下温度剧升及其日照时数的显著减少必将影响兴安落叶松的物候变化,进而改变兴安落叶松生态系统的结构与功能。

蒙古栎(*Quercus mongolica*)是东亚阔叶林的优势树种,在中国、俄罗斯、韩国和日本的防风、节水、防火以及经济和生态系统发展中发挥着关键作用。蒙古栎是喜光树种,光照条件对其形态、光合作用和生物量分配以及物候期都有影响。未来全球持续变暖将导致蒙古栎地理分布范围不断扩大,其生长所面临的温度和光周期也会随之改变,针对温度和光周期变化对蒙古栎秋季物候的影响与机制研究显得十分必要和迫切。

气候变化对东北地区兴安落叶松与蒙古栎的不同影响将导致东北地区森林生态系统的结构和功能发生变化,影响东北森林带在中国"两屏三带"生态安全战略格局中的作用,甚至威胁中国乃至东北亚地区的生态安全。为此,迫切需要开展东北地区代表性树种兴安落叶松与蒙古栎对多环境因子(温度、降水、光周期和氮沉降)变化的响应规律研究,增进物候对环境要素变化响应的认知并为物候机理模型的构建提供依据。为弄清兴安落叶松和蒙古栎物候对多环境因子的响应与调控机制,采用典型森林植物物候的样带调查、原位观测和典型森林植物幼苗物候控制试验相结合的研究方案。

2.1.1　典型森林植物物候样带调查与原位观测

在兴安落叶松和蒙古栎主要分布区沿纬度或海拔梯度分别设置 6 个固定样地,观测温度变化对主要物候(展叶期、开花期、落叶期)的影响。

沿纬度带设立兴安落叶松物候样带,主要包括 6 个固定样地,由北向南分别为中国科学院植物研究所呼中北方林生态系统定位研究站、新天林场、飞龙山景区、黑龙江大兴安岭地区农业林业科学研究院实验林场、额尔古纳市农牧业气象观测站、黑龙江省五营林业试验站（图 2.2）。

　　沿纬度带设立蒙古栎物候样带，主要包括 6 个固定样地，由北向南分别为新天林场、飞龙山景区、黑龙江大兴安岭地区农业林业科学研究院实验林场、黑龙江省五营林业试验站、中国科学院长白山森林生态系统定位研究站 1 号样地和园区（图 2.2）。

图 2.2　兴安落叶松和蒙古栎物候的温度样带监测站点

　　森林物候原位观测站有 4 个，即额尔古纳市农牧业气象观测站（自 1987 年开始观测）、黑龙江省五营林业试验站（自 1991 年开始观测）、中国科学院长白山森林生态系统定位研究站 1 号样地与园区（自 2003 年开始观测）。结合长期物候观测资料，建立兴安落叶松（1987 年以来）、蒙古栎（1999 年以来）和克氏针茅（1985 年以来）的物候数据库。

2.1.2　典型森林植物幼苗物候对多环境因子响应的控制试验

　　为研究森林物候响应多环境因子（温度、光周期和氮沉降）的生理、生态机制，选取寒温带落叶针叶林优势植物兴安落叶松和暖温带落叶阔叶林优势植物蒙古栎为研究对象，开展模拟控制试验，研究主要物候对环境因子的响应与调控机制。

　　试验所用蒙古栎和兴安落叶松的幼苗产自黑龙江省齐齐哈尔市拜泉县林场，苗龄分别为 1 a 和 3 a。选择生长状况基本一致的幼苗，移栽至口径为 20 cm、高为 20 cm 的塑料钵中，每钵 1 株，栽培用土为产苗当地土壤。4 月初将幼苗移至 3 个大型人工气候箱内进行试验环境条件控制，每个气候箱放置蒙古栎和兴安落叶松的幼苗各 48 株。利用 3 个大型人工气候箱控制环境温度，通过钠灯的开关控制光周期，并人为控制施氮量。

大型人工气候箱的外形尺寸为 2.75 m(长)×2.75 m(宽)×2.65 m(高),内部尺寸为 2.4 m(长)×2.0 m(宽)×2.3 m(高)(图 2.3)。温度控制的最低温度在 −15 ℃ 以下,最高温度在 45 ℃ 以上,温度波动±0.5 ℃,温度容差±1 ℃。空气相对湿度介于 40%～95%,相对湿度容差±5%。光照强度大于 10 万 Lx。CO_2 浓度为本底值至 1000 μmol/mol。控制系统为彩色触摸屏,可动态设定各要素并自动控制运行、控制系统软件等,并能自动记录和导出运行数据。

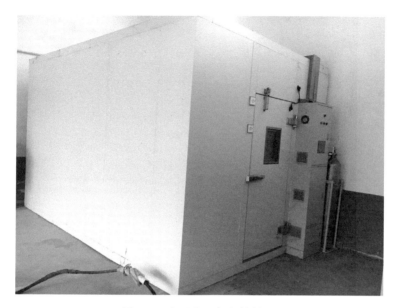

图 2.3　大型人工气候箱外观

具体控制条件如下:

(1)3 个温度处理(T):以拜泉县蒙古栎生长季相应月份的近 30 年平均气温作为对照组(T1),在此基础上分别升温 1.5 ℃(T2)和 2.0 ℃(T3)。

(2)3 个光周期处理(L):每个气候箱内的蒙古栎幼苗分别在 3 种光周期下生长,将拜泉县蒙古栎生长季平均日照长度 14 h 设为对照组(L2),在此基础上分别设置 18 h 长日照(L1)和 10 h 短日照(L3)。

(3)4 个氮沉降处理(N):每个气候箱内同一光周期的幼苗分别在 4 种氮素水平的基质中生长,分别为不施氮(对照 N1,0 g/(m^2·a))、低氮(N2,5 g/(m^2·a))、中氮(N3,10 g/(m^2·a))和高氮(N4,20 g/(m^2·a))。氮素水平采用尿素进行控制,每月月初浇水时将尿素溶解于相应清水中,均匀洒于各处理花盆中,对照处理则喷洒等量清水。

该大型人工气候箱可以通过集中加热/冷却系统对室内空气进行加热/冷却,可 24 小时持续控制室内温度以确保其稳定维持在设定温度。每个气候箱被用于 1 个温度处理,并通过木板和不透明窗帘将每个气候箱分隔成 6 个隔间。每个气候箱的每个隔间都有 1 组钠灯,通过控制钠灯和窗帘的开关时间做不同的光周期处理(图 2.4)。

每年每个人工气候箱设置 3 个温度处理,人工气候箱内隔成 3 个空间,分别设置 3 个光周期处理。人工气候箱内各个处理的排列如图 2.5 所示。

试验共 36 个处理,每个处理 4 个重复,每个树种 144 盆。3 个气候箱内水分和相对湿度

图 2.4　大型人工气候箱结构

(a)人工气候箱；(b)每个气候箱的六个隔间，由木板和不透明窗帘隔开；(c)隔间和其中的钠灯

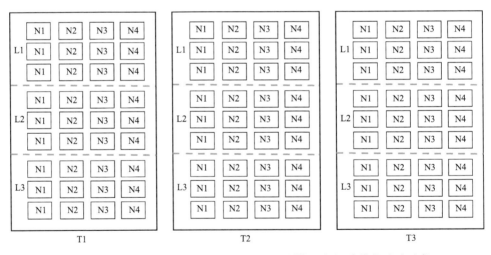

图 2.5　兴安落叶松和蒙古栎幼苗温度×光周期×氮沉降模拟试验示意

（N1、N2、N3、N4 分别代表 4 个氮沉降处理，L1、L2、L3 分别代表 3 个光周期处理；T1、T2、T3 分别代表
3 个人工气候箱的温度设置，蓝色虚线表示气候箱内隔开的空间）

等环境条件均一致。温度和空气相对湿度于试验开始后每月第 1 天设置并由人工气候箱自动控制，光周期由人工气候箱内 3 组钠灯的开关时间控制，空气相对湿度采用生长地相应月份近 30 年的月相对湿度（表 2.1），CO_2 浓度为正常条件下大气 CO_2 浓度（(400 ± 20) μmol/mol），每 3 d 浇水一次，灌溉量为生长地近 30 年各月平均降水量（表 2.1）。

表 2.1　试验期间模拟的降水量、空气相对湿度和对照组月平均气温

月份	温度/℃	相对湿度/%	降水量/mm	灌溉量/mL
4	5.65	50.94	19.51	55
5	14.02	51.41	37.64	107
6	19.96	65.16	87.04	247
7	22.33	76.87	155.24	440
8	20.28	78.68	113.22	321
9	13.61	69.75	54.45	154
10	4.45	61.76	20.16	57

　　试验于 2019—2020 年在河北固城农业气象国家野外科学观测研究站（39°08′N,115°40′E,海拔 15.2 m）开展。每年 3 月中旬移至模拟生长地条件的人工气候箱内,生长 15 d 后(4 月)开始温度和光周期控制试验。试验期间不施用任何肥料。

　　观测内容包括兴安落叶松和蒙古栎主要物候期的发生及持续时间、主要物候期的光合、生理、生态特征(净光合速率、气孔导度、胞间 CO_2 浓度、蒸腾速率、V_{cmax} 和 J_{max} 等)、生长特征(株高、芽数、叶面积等)、叶片理化性质(叶绿素含量、叶片含水量、过氧化物酶、脯氨酸、脱落酸含量、丙二醛、抗坏血酸过氧化物酶等)(图 2.6)。

图 2.6　典型森林物候对温度、光周期和氮沉降交互作用响应的模拟试验

2.2　典型草原植物物候对环境要素的响应

　　克氏针茅(*Stipa krylovii*)草原是亚洲中部草原区所特有的草原群系,是典型草原的代表类型之一。克氏针茅草原是内蒙古草原重要的草地资源,在畜牧业生产中占有重要的地位,由于内蒙古气候干旱、生态系统脆弱,对气候变化响应十分敏感,使得内蒙古克氏针茅草原成为

全球变化研究的典型区域之一。研究区域位于内蒙古典型草原中部的典型温带半干旱大陆性气候区。该区 1981—2018 年年平均温度为 3.2 ℃,年降水量为 278.5 mm,年累计日照时数为 2960.7 h。冬季寒冷干燥、夏季温暖湿润,太阳辐射较强。实验样地地势平坦开阔,土壤类型以淡栗钙土为主,腐殖质层较薄。优势物种为克氏针茅(Stipa krylovii)和羊草(Leymus chinensis),重要伴生种包括细叶葱(Allium tenuissimum)、糙隐子草(Cleistogenes squarro-sa)、冷蒿(Artemisia frigida)、矮葱(Allium amsopodium)、木地肤(Kochia prostrata)、黄蒿(Artemisia scoparia)、阿尔泰狗娃花(Heteropappus altaicus)等。气象数据来自中国气象局内蒙古锡林浩特国家气候观象台(44°08′03″N,116°19′43″E,海拔 990 m),位于内蒙古典型草原中部。

政府间气候变化专门委员会(IPCC)第 6 次评估报告(AR6)指出,人类活动使大气、海洋和陆地变暖(IPCC,2021)。自工业革命以来,全球平均表面温度每 100 a 约升高 0.86 ℃,全球陆地表面温度每 100 a 升高约 1 ℃(严中伟 等,2020)。全球变暖将至少持续到 21 世纪中叶,且升温幅度预计超过 1.5 ℃(IPCC,2021)。然而,全球变暖背景下,由于降水事件的空间差异和季节差异,全球降水变化的相关结论仍存在很大的不确定性(翟盘茂 等,2017)。气候变化背景下内蒙古地区的气温呈上升趋势,但降水量年际变率大,变化趋势不显著(李虹雨 等,2017),极端降水事件呈减少趋势(马爱华 等,2020)。为揭示草原物候响应多环境因子(温度、降水和氮沉降)的生理、生态机制,选取温带典型草原克氏针茅为研究对象,开展模拟控制试验,研究主要物候对环境因子的响应与调控机制。

2.2.1　典型草原植物物候对温度和降水交互作用的响应

为揭示典型草原植物物候的变化趋势及其对温度和水分响应的生理、生态机制和发生阈值,2019—2022 年 4—11 月在中国气象局锡林浩特国家气候观象台,采用红外辐射增温与灌溉相结合的原位控制方法,开展了 5 个温度处理[自然对照(T0)、+1.0 ℃(T+1.0)、+1.5 ℃(T+1.5)、+2.0 ℃(T+2.0)、+3.0 ℃(T+3.0)]和 6 个水分处理[自然对照(W0)、降水+50%(W+50%)、降水-25%(W-25%)、降水-50%(W-50%)、降水-75%(W-75%)和降水-100%(W-100%)]的克氏针茅物候原位控制试验。试验共设计 8 个交互处理(T0 W0、T+1.0 W-25%、T+1.5 W-50%、T+1.5 W+50%、T+2.0 W-50%、T+2.0 W+50%、T+2.0 W-75%、T+3.0 W-100%),每个处理各设置 4 个重复小区(图 2.7)。试验小区为长 2 m、宽 2 m 的正方形(4 m²),正上方安装有 3 m×3 m 的遮雨棚,小区之间间隔为 2 m。小区四周还围有隔水铁板(高 0.3 m,深 1 m),减小地表和地下径流对试验控制的影响。

试验中的加温装置为长 1 m 的红外辐射灯管,平行地面悬挂于离地高 2 m 的试验小区中心。不同加温处理的红外辐射灯管功率不同,T0、T+1.0、T+1.5、T+2.0 和 T+3.0 处理的红外辐射灯管功率分别为 0 W、500 W、800 W、1000 W 和 1500 W。减水装置则为不同遮雨量的遮雨棚设计,纵向呈 120°夹角的 V 形透明亚克力板(透光率 95%以上),由金属架支撑。根据降水量不同,采用不同比例组合的带孔遮雨板,即自然对照、W-25%、W-50%、W-75% 和 W-100%,分别采用 100%、25%、50%、75% 和 0% 的带孔遮雨板,W+50% 处理采用 100% 带孔遮雨板且每次降水时将 W-50% 小区收集到的降水均匀浇灌到每个 W+50% 小区。组成遮雨棚的遮雨板分为带孔和不带孔两种类型。通过提高不带孔遮雨板的组合比例进行减水处理。对照处理(W0)和增水处理(W+50%)的遮雨棚全部由带孔遮雨板组成,减水处理的遮雨棚由不带孔遮雨板的不同比例组成。通过灌溉进行增水处理。每次降水后还需对增水处理小区（W＋50％）进行灌溉处理,灌溉水为减水处理小区（W－50％）遮雨棚截留的降水（图 2.7）。

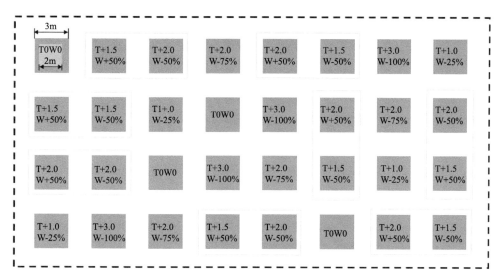

图 2.7　克氏针茅物候的温度×水分原位控制试验小区分布

　　试验观测内容包括不同温度和水分交互作用下克氏针茅主要物候期(返青期、抽穗期、枯黄期)发生及持续时间,生长特征(株高、盖度、叶面积等)、光合生理、生态特征(净光合速率、气孔导度、水分利用效率、V_{cmax}、J_{max}、群体光合等)、酶活性(过氧化物酶、抗坏血酸过氧化物酶)、抗逆性(丙二醛、脯氨酸)等。

　　同时,收集整理 1980—2018 年克氏针茅物候观测资料和长期气象资料,建立克氏针茅物候数据库。

2.2.2　典型草原植物物候对多环境因子响应的控制试验

克氏针茅物候对多环境因子响应的控制试验采用大型人工气候箱模拟方法,试验操作流程与兴安落叶松和蒙古栎幼苗物候对多环境因子响应的控制试验相同。

试验所用克氏针茅实生苗来自中国气象局锡林浩特国家气候观象台牧草试验站。选择生长状况基本一致的幼苗,移栽至口径为 20 cm、高为 20 cm 的塑料钵中,每钵 6 株,栽培用土为锡林浩特典型草原的浅层(0—30 cm)熟土。4 月初将幼苗移至 3 个大型人工气候箱内进行试验环境条件控制。采用大型人工气候箱,开展 5 个温度(对照、+1.0 ℃、+1.5 ℃、+2.0 ℃、+3.0 ℃)、6 个土壤水分梯度[对照、水分充足(土壤相对湿度 60%左右)、−25%、−50%、−75%和−100%]、3 个光周期(对照、14 h 长日照、10 h 短日照)和 4 个氮沉降处理[尿素 CO(NH$_2$)$_2$ 施用量分别为 0(对照)、+50.0%(低氮)、+100.0%(中氮)、+200.0%(高氮)]的控制试验。

以温度处理分组,分年份进行试验。2021 年开展 3 个温度(对照、+1.5 ℃、+2.0 ℃)×2 个光周期处理(对照、长日照)×4 个氮沉降×6 个水分的人工气候箱模拟试验。2022 年开展 3 个温度(对照、+1.0 ℃、+3.0 ℃)×2 个光周期处理(对照、短日照)×4 个氮沉降×6 个水分的人工气候箱模拟试验。

播种后统一进行苗期管理,保证苗全、苗齐、苗均、苗壮,第三片叶可见后开始进行试验处理。播种时,每个处理需 4 盆(3 个温度×2 个光周期处理×4 个氮沉降×6 个水分×3 个重复=432 盆,每个处理多 1 盆备用)。每盆约装 2.5 kg 的土(即折合干土重,采用直径 15 cm、高 15 cm 的 PVC 盆)。

试验于 2021—2022 年在河北固城农业气象国家野外科学观测研究站(39°08′N,115°40′E,海拔 15.2 m)开展。试验观测内容包括克氏针茅主要物候期(返青期、抽穗期、枯黄期)发生及持续时间,生长特征(株高、盖度、叶面积等)、光合生理生态特征(净光合速率、气孔导度、水分利用效率、$V_{c\,max}$、J_{max} 等)、酶活性(过氧化物酶、抗坏血酸过氧化物酶)、抗逆性(丙二醛、脯氨酸)等。

2.3　观测项目与方法

2.3.1　物候观测

按照《农业气象观测规范》(国家气象局,1993)对蒙古栎和兴安落叶松进行物候观测,观测的物候期包括展叶始期和展叶盛期。每隔 2 d 在 14 时进行观测,记录蒙古栎和兴安落叶松到达相应物候的日期,将记录的日期转化为日序。当观测植株枝条上初次出现叶子展开时,认为植株到达展叶始期,当观测植株 50% 枝条上的叶子完全展开时,记录植株到达展叶盛期。

2.3.2　物候温度敏感性

物候温度敏感性的大小反映了植物受环境影响的程度,它指温度每增加 1.0 ℃,植物物候改变的天数。

$$S_{phen} = (E_{warm} - E_{cont})/(T_{warm} - T_{cont})$$

式中，S_{phen} 为物候温度敏感性（d/℃）；E_{warm} 为增温处理物候发生的日序；E_{cont} 为对照处理物候发生的日序；T_{warm} 为增温处理下的空气温度（℃）；T_{cont} 为对照处理下的空气温度（℃）。

2.3.3　光合生理特征

（1）气体交换参数

植株到达展叶始期后，于每日 08：30 至 15：30，使用 Li-6400 便携式光合作用系统（Li-cor，Lincoln，NE，USA）测定幼苗净光合速率（P_n）、气孔导度（G_s）、蒸腾速率（T_r）和胞间 CO_2 浓度（C_i）。每个处理随机选取 3 株，测定时选取植株顶部第一片全展叶，避开叶脉，观测时设置光合有效辐射为 1500 $\mu mol/(m^2 \cdot s)$，空气流速 300 mmol/s，气温 25 ℃，CO_2 浓度 400 $\mu mol/mol$，空气相对湿度为 50%～70%。在满足系统稳定性时记录数据：①净光合速率（P_n）在 20 s 内的标准差<0.5；②气孔导度（G_s）在 20 s 内的标准差<0.1；③P_n 的变化率<0.1/min；④G_s 的变化率<0.05/min。在每次记录前进行匹配，尽量减少样品和参考分析仪之间的偏差，提高测量的准确度。

（2）叶绿素含量

测定气体交换参数的同时，使用 SPAD-502 叶绿素仪测定同一叶片的相对叶绿素含量。叶片左右两侧上中下位置各测一次，一个叶片共 6 次测量。

2.3.4　生化指标测量

（1）过氧化物酶活性

过氧化物酶活性的测定选用过氧化物酶测定盒，包含 4 种试剂。试剂的操作配比如表 2.2 所示，选取 4 瓶 60 mL 试剂一，在 4 ℃环境下保存 6 个月。试剂二粉剂选取 3 瓶，测定前每瓶粉剂加入 10 mL 的双蒸水溶解，配制成试剂二应用液，在 4 ℃环境下避光保存。选取 5 mL 试剂三液体一瓶，测定前用双蒸水进行 15 倍稀释，使比色光径维持在 1 cm，双蒸水在调零时 A240 值保持在 0.4 左右。若 A240 值太高，则加双蒸水稀释，若 A240 值太低，则加入适量试剂三，使其在 25 倍左右稀释。选取 50 mL 试剂四液体 2 瓶，在 4 ℃环境下保存 6 个月。

表 2.2　过氧化物酶试剂操作表

	测定管容量/mL	对照管容量/mL
试剂一	2.4	2.4
试剂二应用液	0.3	0.3
试剂三应用液	0.2	—
双蒸水	—	0.2
样本	0.1	0.1
试剂四	1.0	1.0

测定前，进行植物组织匀浆的准备。准确称取植物组织重量 0.1 g，加入 0.9 mL 磷酸缓冲液，在冰水浴条件下制备成 10% 的组织匀浆液。测定时，以 3500 r/min 的速度离心 10 min，取上清液于 420 nm 处，比色光径为 1 cm，双蒸水进行调零测定过氧化物酶活性（王学奎，2006）。计算公式如下：

$$POD = \frac{测定\ OD\ 值 - 对照\ OD\ 值}{12 \times L} \times \frac{V_t}{V_s} \div T \div C_{pr} \times 1000$$

式中,POD 为过氧化物酶活性,OD 为吸光度,L 为比色光径,V_t 为反应液总体积,V_s 为提取液体积,T 为反应时间,C_{pr} 为匀浆液浓度。

（2）脯氨酸含量

脯氨酸含量试剂盒的组成及配制如表 2.3 所示。取 100 $\mu g/mL$ 的标准贮备液 0.5 mL,用植物提取液定容至 10 mL,配制成 5 $\mu g/mL$ 的标准品应用液。测定前,精确称取植物组织重量 0.2 g,加入 1.8 mL 的试剂一,在冰水浴条件下进行机械匀浆,制成 10% 的组织匀浆液,以 3500 r/min 速度离心 10 min,取上清液待测。测定时,设定沸水浴 30 min,进行流水冷却,双蒸水进行调零,比色光径设定为 1 cm,比色为 520 nm(李合生,2000)。

$$Pro = \frac{测定\ OD\ 值 - 空白\ OD\ 值}{标准\ OD\ 值 - 空白\ OD\ 值} \times 5 \div C_{pr} \times n$$

式中,Pro 为脯氨酸含量,OD 为吸光度,C_{pr} 为匀浆液浓度,n 为稀释倍数。

表 2.3　脯氨酸试剂盒组成及配制

	组分	试剂规格	保存条件
试剂一	匀浆介质	60 mL×2 瓶	4 ℃避光保存
试剂二	缓冲液	60 mL×1 瓶	4 ℃避光保存
试剂三	显色剂	60 mL×1 瓶	4 ℃避光保存
标准品	100 $\mu g/mL$ 标准贮备液	1 mL×1 支	4 ℃保存

（3）丙二醛含量

丙二醛含量采用 Misra 和 Gupta(2005)的方法测量,对于每个样品,取 0.2 g 叶片放入 2 mL10%三氯乙酸中匀浆,再使用 2 mL 冲洗后置于离心管。以 4000 r/min 速度离心处理 10 min,然后取 2 mL 上清液与 2 mL0.6%硫代巴比妥酸混合,在 95 ℃环境下加热 15 min,再以 4000 r/min 速度进行第二次离心处理,时间为 5 min。使用光谱仪测定上清液在 532 nm 处的吸光度,并通过减去 450 nm 和 600 nm 处的吸光度进行校正。

$$MDA = [6.45(A_{532} - A_{600}) - 0.56 A_{450}] \times V_t \div (V_s \times F_w)$$

式中,MDA 为丙二醛含量,V_t 为反应液总体积,V_s 为测定提取液体积,F_w 为样本鲜重。

第 3 章　兴安落叶松主要物候期对温度、光周期和氮添加的响应

植物物候反映了植物的季节性生长周期,对温度、光周期及其他环境因子引起的环境变化非常敏感,可指示陆地生态系统对环境变化的响应。温度和光周期是影响温带植物物候的主要环境因子(Wang et al.,2020a)。温度对植物春季物候具有双重作用,低温诱导满足冷激需求以打破生理休眠期进入生态休眠期,而高温则促使细胞分裂使植物从生态休眠期转为生长期(Delpierre et al.,2016)。长光照可以弥补植物生理休眠期对低温的需求,进而促进春季物候提前(Way et al.,2015),短光照可以抑制叶片展开来降低霜冻风险(Flynn et al.,2018),还可诱导叶片衰老并进入休眠(Lang et al.,2019)。不同光照时长对植物的影响不同,16 h 光周期更有利于香梓楠幼苗生长(吴芳兰 等,2021),茅苍术根茎生长期在 9 h 光照条件下生长会受到抑制(李孟洋 等,2021),11 h 光周期可加速菊花花瓣展开(陆思宇和杨再强,2021)。气候变化背景下的氮沉降对青藏高原高寒草甸植物物候期有提前、推迟、无响应 3 种效应(Liu et al.,2017)。适量的氮沉降会促进植物生长,加快植物物候进程(于美佳 等,2021),土壤氮含量过高则会抑制植被对 CO_2 的利用效率,导致光合能力降低,抑制气候变暖引起的春季物候期提前(He et al.,2017)。这表明,植物物候对温度、光周期、氮沉降及其相互作用的响应规律仍不清楚,且不同种类植物也存在差异。

本章重点阐明兴安落叶松主要物候对不同程度的升温、光周期、氮添加及其协同作用的响应规律,增进对气候变化影响兴安落叶松物候的理解,并为理解东北地区生态系统结构与功能变化提供依据。

3.1　兴安落叶松主要物候期对单环境因子变化的响应

兴安落叶松对照处理于第 111.75 d 到达展叶始期,第 126.67 d 到达展叶盛期,第 241 d 到达叶变色始期,第 287.33 d 到达叶变色普期,第 302.25 d 到达完全变色期(表3.1)。与对照处理相比,增温 1.5 ℃ 对兴安落叶松幼苗展叶始期和完全变色期提前影响不显著,增温 2.0 ℃ 对兴安落叶松幼苗展叶始期和完全变色期推迟影响不显著(图 3.1a)。增温 1.5 ℃ 使展叶盛期显著推迟 8 d,但增温 2.0 ℃ 对展叶盛期推迟无显著影响。不同增温均使叶变色始期和叶变色普期显著提前,且叶变色普期存在显著差异(增温处理均使叶变色始期提前 18 d,增温1.5 ℃ 和 2.0 ℃ 分别提前叶变色普期 6.33 d 和 24.33 d)。这表明增温对兴安落叶松幼苗的生长始期(展叶始期)和末期(完全变色期)影响不显著,但显著影响兴安落叶松幼苗生长盛期(展叶盛期—叶变色普期)。

长光照使兴安落叶松幼苗展叶始期显著提前 5.75 d(图 3.1b),但短光照对展叶始期提前影响不显著。短光照使展叶盛期显著推迟 10 d,但长光照对展叶盛期提前影响不显著。不同

表 3.1　不同温度、光周期和氮添加处理下兴安落叶松幼苗物候的发生时间(日序)

处理	展叶始期	展叶盛期	叶变色始期	叶变色普期	完全变色期
CK	111.75±1.32^{ab}	126.67±1.76^{de}	241.00±0.00^a	287.33±2.03^a	302.25±1.44^b
T2	109.00±0.00^{bc}	134.67±0.67^{ab}	223.00±0.00^c	281.00±1.73^b	300.75±0.75^b
T3	113.00±2.00^a	130.67±1.76^{bcd}	223.00±0.00^c	263.00±2.31^c	303.00±1.22^{ab}
L1	106.00±1.23^c	122.00±0.00^e	223.00±0.00^c	265.00±1.15^c	305.75±0.48^a
L3	109.00±0.00^{bc}	136.67±1.33^a	238.00±3.00^b	279.00±1.00^b	300.00±0.00^b
N2	112.00±1.16^{ab}	127.33±0.67^d	243.00±2.00^a	281.00±3.00^b	301.75±1.44^b
N3	109.25±0.25^b	128.00±1.15^{cd}	229.00±1.73^{bc}	279.50±1.50^b	301.50±1.19^b
N4	109.33±0.33^b	132.00±2.00^{bc}	225.00±2.00^{bc}	267.00±0.00^c	300.25±0.25^b

注：字母 a、b、c、d、e 及其组合表示不同处理差异显著，CK 表示对照处理，T2 表示增温 1.5 ℃ 处理，T3 表示增温 2.0 ℃ 处理，L1 表示长光照处理，L3 表示短光照处理，N2 表示低氮处理，N3 表示中氮处理，N4 表示高氮处理。下同。

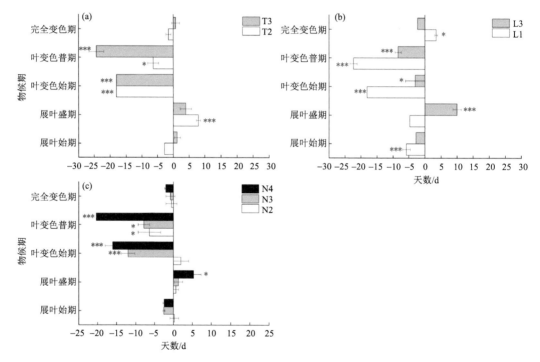

图 3.1　增温(a)、光周期(b)和氮添加(c)对兴安落叶松幼苗关键物候期的影响

(正值表示与对照处理相比推迟，负值表示与对照处理相比提前；*、** 和 *** 分别表示试验处理与对照处理相比在 0.01<P<0.05、0.005<P<0.01 和 P<0.005 水平显著。下同)

光周期均使叶变色始期和叶变色普期显著提前，且长光照对叶变色始期和叶变色普期的提前作用均显著大于短光照，分别提前 18 d 和 22.33 d。长光照使完全变色期显著推迟 3.50 d，但短光照的影响不显著。这表明，长光照对兴安落叶松幼苗生长期、盛期和末期发育有显著影响，短光照仅显著影响兴安落叶松幼苗生长盛期发育。

不同氮添加处理对兴安落叶松幼苗的展叶始期和完全变色期影响不显著(图 3.1c)。展叶盛期仅在高氮处理下显著推迟 5.33 d。中氮和高氮分别使叶变色始期显著提前 12 d 和 16 d，低氮对叶变色始期无显著影响。不同氮添加均使叶变色普期显著提前,低氮、中氮和高氮分别使叶变色普期提前 6.33 d、7.83 d 和 20.33 d。这表明,氮添加并不显著改变兴安落叶松幼苗的生长始期和末期,且中氮和高氮对兴安落叶松幼苗生长发育盛期有显著影响。

3.2 兴安落叶松物候对温度、光周期和氮添加二者协同作用的响应

3.2.1 不同物候期对增温与光周期协同作用的响应

不同增温和光周期协同下,兴安落叶松幼苗各物候期发生时间存在显著差异(表 3.2)。增温 1.5 ℃ 处理下,兴安落叶松幼苗展叶始期仅在长光照处理下显著提前 4 d,展叶盛期仅在短光照处理下显著推迟 6 d(图 3.2a)。增温 2.0 ℃ 与光周期协同对展叶始期影响不显著,但均显著推迟展叶盛期,长光照和短光照分别使展叶盛期推迟 9.33 d 和 5.33 d(图 3.2b)。不同增温与光周期协同均使叶变色始期和叶变色普期显著提前,但对完全变色期无显著影响,其中长光照处理下,增温 1.5 ℃ 与增温 2.0 ℃ 分别使叶变色始期提前 17.25 d 和 18 d,分别使叶变色普期提前 11.67 d 和 25.33 d。短光照处理下,增温 1.5 ℃ 与增温 2.0 ℃ 分别使叶变色始期提前 17 d 和 12 d,分别使叶变色普期提前 12.67 d 和 9.33 d。这表明,光周期延长或者缩短与不同增温协同作用显著影响兴安落叶松幼苗生长盛期发育。

表 3.2 不同增温和光周期协同处理下兴安落叶松幼苗物候的发生时间(日序)

处理	展叶始期	展叶盛期	叶变色始期	叶变色普期	完全变色期
T2L1	107.75±1.11[b]	124.00±1.15[b]	223.75±0.75[b]	275.67±2.33[a]	304.00±0.71[a]
T2L3	113.25±1.49[a]	132.67±2.40[a]	224.00±1.00[b]	274.67±2.03[a]	300.00±0.00[b]
T3L1	109.75±1.49[ab]	136.00±2.31[a]	223.00±0.00[b]	262.00±1.00[b]	302.75±1.03[a]
T3L3	112.00±1.15[ab]	132.00±1.41[a]	229.00±0.00[a]	278.00±0.00[a]	300.00±0.00[b]

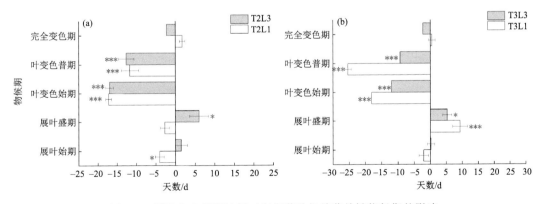

图 3.2 增温和光周期协同对兴安落叶松幼苗关键物候期的影响

3.2.2 不同物候期对光周期与氮添加协同作用的响应

不同光周期与氮添加协同作用下,兴安落叶松幼苗各物候期发生时间存在显著差异(表 3.3)。兴安落叶松幼苗展叶始期仅在长光照与低氮协同作用下显著提前 4 d(图 3.3a),展叶

盛期仅在短光照与高氮协同作用下显著推迟 5.33 d(图 3.3b)。长光照条件下,除中氮处理对兴安落叶松幼苗叶变色始期无显著影响外,低氮和高氮处理均使叶变色始期显著提前 18 d,短光照条件下,仅高氮处理使叶变色始期显著推迟 4 d。低氮、中氮和高氮与长光照协同分别使叶变色普期显著提前 24.33 d、9.33 d 和 20.33 d,但短光照与不同氮添加协同对叶变色普期无显著影响。完全变色期仅在长光照与低氮协同作用下显著推迟 4 d,短光照与中氮协同作用下显著提前 3 d。这表明,长光照与氮添加协同显著影响兴安落叶松幼苗生长盛期发育。

表 3.3　不同光周期和氮添加协同处理下兴安落叶松幼苗物候的发生时间(日序)

处理	展叶始期	展叶盛期	叶变色始期	叶变色普期	完全变色期
L1N2	107.75±1.25[b]	126.00±2.00[bc]	223.00±0.00[c]	263.00±0.00[c]	306.25±0.25[a]
L1N3	110.25±1.25[ab]	125.33±1.33[c]	241.00±0.00[b]	278.00±1.73[b]	301.25±0.95[bc]
L1N4	112.33±1.67[a]	131.00±1.00[ab]	223.00±0.00[c]	267.00±0.00[c]	302.25±1.44[b]
L3N2	109.00±0.00[ab]	130.50±0.96[abc]	241.00±0.00[b]	282.00±2.00[ab]	300.00±0.00[bc]
L3N3	109.00±1.00[ab]	130.00±2.31[abc]	242.00±1.00[b]	285.50±0.87[a]	299.25±0.75[c]
L3N4	108.67±0.88[ab]	132.00±1.15[a]	245.00±0.00[a]	286.00±1.00[a]	300.00±0.00[bc]

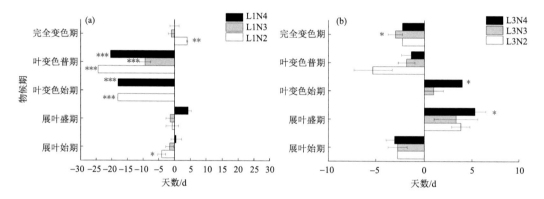

图 3.3　光周期和氮添加协同对兴安落叶松幼苗关键物候期的影响

3.2.3　不同物候期对增温与氮添加协同作用的响应

不同增温与氮添加协同作用下,兴安落叶松幼苗各物候期发生时间存在显著差异(表 3.4)。增温 1.5 ℃与氮添加协同对展叶始期和完全变色期无显著影响(图 3.4a),仅在增温 2.0 ℃处理下,中氮和高氮处理分别使兴安落叶松幼苗展叶始期显著提前 4.25 d 和 3.50 d(图 3.4b)。低氮处理下,仅增温 2.0 ℃使展叶盛期显著推迟 4.83 d,高氮处理下,增温 1.5 ℃和 2.0 ℃分别使展叶盛期显著推迟 7.33 d 和 13.33 d,不同增温与中氮协同对展叶盛期无显著影响。除增温 1.5 ℃与高氮协同对叶变色始期无显著影响外(图 3.4b),增温 1.5 ℃与低氮、增温 1.5 ℃与中氮、增温 2.0 ℃与低氮、增温 2.0 ℃与中氮和增温 2.0 ℃与高氮分别使叶变色始期显著提前 16 d、10.5 d、15 d、13 d 和 17.25 d。增温 1.5 ℃处理下,仅高氮处理使叶变色普期显著提前 14.83 d,但增温 2.0 ℃与氮添加协同均使叶变色普期显著提前,其中低氮、中氮和高氮分别提前 16.67 d、16.67 d 和 20.33 d。完全变色期仅在增温 1.5 ℃与高氮协同作用下显著推迟 3 d。这表明,增温 2.0 ℃与氮添加协同显著影响兴安落叶松幼苗生长盛期发育。

表 3.4　不同增温和氮添加协同处理下兴安落叶松幼苗物候的发生时间（日序）

处理	展叶始期	展叶盛期	叶变色始期	叶变色普期	完全变色期
T2N2	109.25±0.25ab	128.00±2.00bc	225.00±2.00cd	283.00±2.65a	300.75±0.75b
T2N3	110.75±1.11ab	127.33±1.76c	230.50±0.87b	284.00±3.00a	303.50±0.96ab
T2N4	110.25±1.25ab	134.00±2.31b	241.00±0.00a	272.50±4.49b	305.25±1.44a
T3N2	111.50±1.44a	131.50±1.50bc	226.00±1.22cd	270.67±3.67b	301.75±0.75b
T3N3	107.50±0.96b	131.00±1.00bc	228.00±1.00bc	270.67±3.67b	303.00±0.00ab
T3N4	108.25±1.11ab	140.00±0.00a	223.75±0.75d	267.00±0.00b	302.25±1.44ab

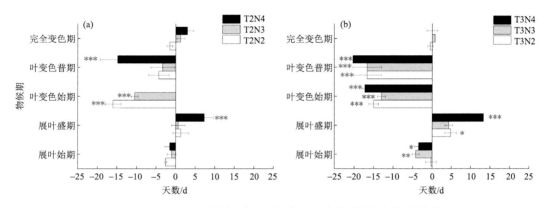

图 3.4　增温和氮添加协同对兴安落叶松幼苗关键物候期的影响

3.3　兴安落叶松主要物候期对多环境因子协同作用的响应

不同增温、长光照与氮添加协同作用下使兴安落叶松幼苗各物候期发生时间存在显著差异（表 3.5）。在长光照处理下，增温 1.5 ℃与高氮协同使兴安落叶松幼苗展叶始期显著提前 4 d（图 3.5a），增温 2.0 ℃与低氮协同使展叶始期显著提前 4.75 d（图 3.5b），增温 1.5 ℃分别与中氮和高氮协同使展叶盛期显著推迟 13.33 d 和 17.33 d，增温 2.0 ℃与氮添加协同对展叶盛期无显著影响。增温、长光照和氮添加三者协同均使叶变色始期和普期显著提前，其中叶变色始期在增温、长光照和氮添加三者协同作用下均提前 18 d，增温 1.5 ℃分别与低氮、中氮和高

表 3.5　长光照条件下不同增温和氮添加协同处理下兴安落叶松幼苗物候的发生时间（日序）

处理	展叶始期	展叶盛期	叶变色始期	叶变色普期	完全变色期
T2L1N2	112.33±1.67a	125.00±1.73b	223.00±0.00a	260.67±2.33c	301.50±1.50b
T2L1N3	109.75±1.49ab	140.00±2.31a	223.00±0.00a	266.00±1.00b	301.25±1.25b
T2L1N4	107.75±1.11b	144.00±0.00a	223.00±0.00a	274.50±2.02a	304.00±1.58ab
T3L1N2	107.00±1.15b	127.33±1.76b	223.00±0.00a	266.00±1.00b	303.75±1.31ab
T3L1N3	109.25±0.75ab	126.00±2.31b	223.00±0.00a	267.00±0.00b	305.50±0.29a
T3L1N4	109.25±0.25ab	124.00±1.15b	223.00±0.00a	265.67±1.33b	301.50±1.50b

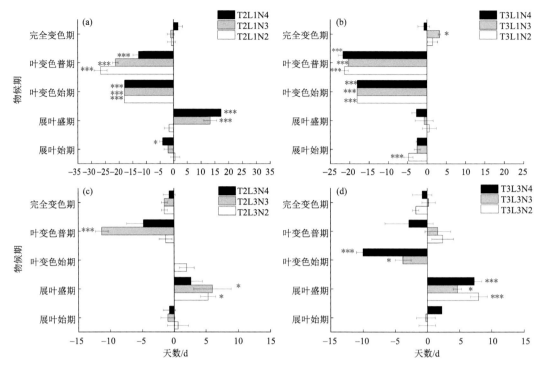

图 3.5　增温、光周期和氮添加协同对兴安落叶松幼苗关键物候期的影响

氮协同使叶变色普期分别提前 26.67 d、21.33 d 和 12.83 d，增温 2.0 ℃ 分别与低氮、中氮和高氮协同使叶变色普期提前 21.33 d、20.33 d 和 21.67 d。完全变色期仅在增温 2.0 ℃、长光照与中氮协同作用下显著推迟 3.25 d。这表明，增温、长光照和氮添加协同作用使兴安落叶松幼苗叶变色始期和普期显著提前，显著影响生长盛期。

　　不同增温、短光照与氮添加协同作用下使兴安落叶松幼苗到达展叶盛期、叶变色始期和叶变色普期时间存在显著差异（表 3.6）。增温、短光照和氮添加协同作用对兴安落叶松幼苗展叶始期和完全变色期影响不显著（图 3.5c、3.5d）。短光照处理下，除增温 1.5 ℃ 与高氮协同对展叶盛期推迟无显著影响外，增温 1.5 ℃ 与低氮、增温 1.5 ℃ 与中氮、增温 2.0 ℃ 与低氮、增温 2.0 ℃ 与中氮和增温 2.0 ℃ 与高氮分别使展叶盛期显著推迟 5.33 d、6 d、8 d、4.67 d 和 7.33 d。增温 1.5 ℃ 与不同氮添加协同对叶变色始期影响不显著，但增温 2.0 ℃ 分别与中氮和高氮协同使叶变色始期显著提前 3.75 d 和 10 d。叶变色普期仅在增温 1.5 ℃ 与中氮协同

表 3.6　短光照条件下不同增温和氮添加协同处理下兴安落叶松幼苗物候的发生时间（日序）

处理	展叶始期	展叶盛期	叶变色始期	叶变色普期	完全变色期
T2L3N2	112.33±1.67[a]	132.00±1.15[ab]	243.00±1.15[a]	286.00±1.00[a]	300.75±0.48[a]
T2L3N3	110.75±1.11[a]	132.67±2.91[ab]	241.00±0.00[a]	276.00±1.00[b]	300.75±0.48[a]
T2L3N4	111.00±1.00[a]	129.33±1.76[b]	241.00±0.00[a]	282.50±2.60[ab]	301.50±0.96[a]
T3L3N2	111.75±1.31[a]	134.67±1.33[a]	241.00±0.00[a]	289.75±1.70[a]	300.50±0.50[a]
T3L3N3	111.50±1.44[a]	131.33±0.67[ab]	237.25±1.25[b]	289.00±2.00[a]	302.50±1.04[a]
T3L3N4	114.00±0.00[a]	134.00±1.15[ab]	231.00±1.00[c]	284.50±3.75[a]	301.50±1.50[a]

作用下显著提前 11.33 d。这表明,增温、短光照和氮添加协同作用对兴安落叶松幼苗的生长始期和末期影响不显著,但显著影响兴安落叶松幼苗生长盛期。

温度、氮添加显著影响兴安落叶松幼苗除展叶始期(生长始期)和完全变色期(生长末期)外的所有物候期(表 3.7),光周期极显著影响所有物候期($P<0.005$),温度与氮添加协同作用显著影响除展叶始期外的所有物候期,温度与光周期协同作用、氮添加与光周期协同作用以及温度、光周期与氮添加协同作用均显著影响除完全变色期外的所有物候期。这表明,不同环境因子及其组合对兴安落叶松幼苗各物候期的影响并不完全相同,但均极显著影响兴安落叶松幼苗生长盛期各物候期。

表 3.7　温度、光周期和氮添加及其协同作用对兴安落叶松幼苗物候的三因素方差分析(F 值)

因子	展叶始期	展叶盛期	叶变色始期	叶变色普期	完全变色期
T	2.011	10.808***	160.255***	13.892***	1.223
L	8.076***	10.236***	610.887***	171.329***	23.864***
N	0.365	9.452***	51.546***	5.404**	0.065
T×L	3.830**	7.992***	9.019***	20.186***	1.915
T×N	1.585	3.550**	33.445***	6.338***	5.074***
L×N	2.380*	5.443***	32.317***	12.203***	1.826
T×L×N	2.897***	10.688***	47.030***	5.944***	1.517

注:* 表示 $0.01<P<0.05$,** 表示 $0.005<P<0.01$,*** 表示 $P<0.005$,T 表示温度,L 表示光周期,N 表示氮添加。下同。

综上所述,温度、光周期、氮添加及其协同作用均影响兴安落叶松主要物候期,不同环境因子及其组合对兴安落叶松各物候期的影响并不完全相同,但对兴安落叶松生长盛期各物候期有极显著影响。主要结论如下:

(1)增温对兴安落叶松幼苗的生长始期(展叶始期)和末期(完全变色期)影响不显著,但使叶变色始期和叶变色普期显著提前,显著影响兴安落叶松幼苗生长盛期(展叶盛期—叶变色普期)发育。

(2)长光照使兴安落叶松幼苗生长始期显著提前,生长末期显著推迟,光周期变化均使兴安落叶松幼苗叶变色始期和叶变色普期显著提前,显著影响兴安落叶松幼苗生长盛期发育。

(3)不同氮添加并不显著改变兴安落叶松幼苗的生长始期和末期,但高氮使兴安落叶松幼苗叶变色始期和叶变色普期显著提前,对兴安落叶松幼苗生长盛期发育有显著影响。

(4)长光照、短光照分别与增温协同显著提前兴安落叶松幼苗叶变色始期和普期,显著影响兴安落叶松幼苗生长盛期发育。

(5)长光照与氮添加协同均使叶变色普期显著提前,显著影响兴安落叶松幼苗生长盛期发育。

(6)不同增温与高氮协同使展叶盛期显著推迟,叶变色普期显著提前,显著影响兴安落叶松幼苗生长盛期发育。

(7)短光照条件下,增温与氮添加协同对兴安落叶松幼苗生长始期和末期无显著影响。长光照条件下,增温与氮添加协同使兴安落叶松幼苗叶变色始期和普期显著提前,显著影响生长盛期发育。

第 4 章　兴安落叶松物候持续时间对温度、光周期和氮添加的响应

　　环境变化影响植物物候的持续时间。研究表明,温度升高时,青海湖地区矮嵩草(*Artemisia lancea Van*)的生长季(返青期至枯黄期)缩短(李晓婷 等,2019),秦淮交界带植被生长季长度变短(王雅婷 等,2022)。增温使内蒙古克氏针茅生长季(返青期至枯黄期)延长(顾文杰 等,2022),缩短短花针茅(*Stipa breviflora Griseb.*)的生殖物候期(Bai et al.,2022)。齿叶风毛菊(*Saussurea neoserrata Nakai*)在增温处理下花期持续时间缩短 9 d,在增温减水处理下缩短 11 d,而杜香(*Ledurn palustre L.*)花期持续时间延长从而成为该群落的优势种(宋小艳 等,2018)。气候暖干化条件下,辽东栎(*Quercus liaotungensis*)展叶期推迟 5.53 d/(10 a),叶变色期提前 10.77 d/(10 a)(王明 等,2020)。长光照对蒙古栎(*Quercus mongolica*)的生长周期无显著影响,但短光照使完全变色期显著提前,显著缩短蒙古栎的生长周期,且蒙古栎在短光照处理时,生长盛期相对延长,更利于蒙古栎生长(马成祥 等,2022)。青藏高原 7 种不同功能类型植物响应氮添加结果表明,氮添加仅延长优势种的生殖物候,对其他非优势种则无显著影响(Xi et al.,2018)。在降水较少年,单独增温、氮添加以及二者协同均缩短短花针茅的生殖生长持续时间,在正常降水年,氮添加使木地肤(*Kochia prostrata*(*Linn.*)*Schrad*)生殖生长时间显著缩短 7.37 d(田磊 等,2022)。因此,环境变化通过影响植物物候,使植物采取不同的生存策略,改变群落结构。

　　本章重点阐明兴安落叶松物候持续时间对不同程度的增温、光周期、氮添加及其协同作用的响应规律,增进对气候变化影响兴安落叶松物候的理解,并为理解东北地区生态系统结构与功能变化提供依据。

4.1　兴安落叶松生长周期和生长盛期对单环境因子变化的响应

　　兴安落叶松幼苗生长周期和生长盛期持续时间在单独增温、光周期和氮添加处理下存在显著差异,其中对照处理生长周期持续时间为 190.50 d,生长盛期持续时间为 160.67 d(图4.1)。与对照相比,不同增温和氮添加对兴安落叶松幼苗生长周期影响不显著,兴安落叶松幼苗生长周期在长光照处理下显著延长 9.25 d,短光照对生长周期延长影响不显著(0.5 d)。增温 1.5℃ 和增温 2.0℃ 分别使生长盛期显著缩短 14.33 d 和 28.33 d。长光照和短光照分别使生长盛期显著缩短 17.67 d 和 18.33 d。低氮、中氮和高氮分别使生长盛期缩短 7 d、9.17 d 和25.67 d。

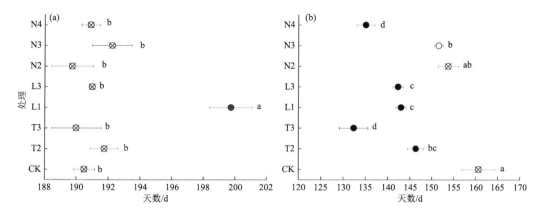

图 4.1　不同温度、光周期和氮添加处理下兴安落叶松幼苗生长周期(a)和生长盛期(b)持续时间
(○、●、⊗)分别表示试验处理与对照处理相比在 0.01<P<0.05、0.005<P<0.01 和 P<0.005 水平显著，⊗表示与对照处理相比不显著，字母 a、b、c 及其组合表示不同处理差异显著。下同)

4.2　兴安落叶松生长周期和生长盛期对温度、光周期和氮添加两两协同作用的响应

兴安落叶松幼苗生长周期和生长盛期持续时间在不同增温和光周期协同作用下存在显著差异(图 4.2)，与对照相比，增温 1.5 ℃仅与长光照协同作用使兴安落叶松幼苗生长周期显著延长 5.75 d，但短光照与不同增温协同对兴安落叶松幼苗生长周期影响不显著(图 4.2a)。不同光周期与增温协同均使生长盛期显著缩短(图 4.2b)。增温 1.5 ℃处理下，长光照与短光照分别使生长盛期显著缩短 9 d 和 18.67 d。增温 2.0 ℃处理下，长光照与短光照分别使生长盛期显著缩短 34.67 d 和 14.67 d。

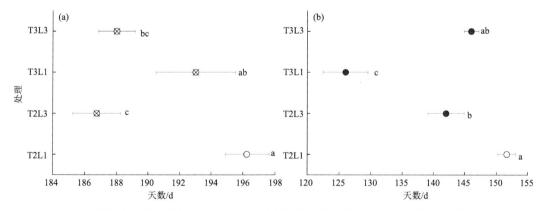

图 4.2　增温和光周期协同处理下兴安落叶松幼苗生长周期(a)和生长盛期(b)持续时间

兴安落叶松幼苗生长周期和生长盛期持续时间在不同光周期和氮添加协同作用下存在显著差异(图 4.3)，长光照仅与低氮协同作用使生长周期显著延长 8 d，但短光照与不同氮添加协同作用对生长周期影响不显著(图 4.3a)。长光照处理下，低氮、中氮和高氮分别使生长盛期显著缩短 23.67 d、8 d 和 24.67 d。短光照处理下，低氮使生长盛期显著缩短 9.17 d，中氮和高氮分别使生长盛期缩短 5.17 d 和 6.67 d(图 4.3b)。

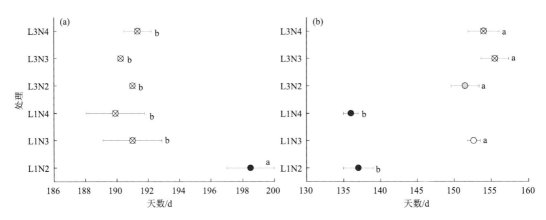

图 4.3　光周期和氮添加协同处理下兴安落叶松幼苗生长周期(a)和生长盛期(b)持续时间

　　兴安落叶松幼苗生长周期和生长盛期持续时间在不同增温和氮添加协同作用下存在显著差异(图 4.4),增温 1.5 ℃处理下,仅高氮使生长周期显著延长 4.5 d(图 4.4a)。增温 2.0 ℃处理下,仅中氮使生长周期显著延长 5 d。增温 1.5 ℃处理下,仅高氮使生长盛期显著缩短 22.17 d,低氮和中氮使生长盛期缩短 5.67 d 和 4 d(图 4.4b)。增温 2.0 ℃处理下,低氮、中氮和高氮分别使生长盛期显著缩短 21.5 d、21 d 和 33.67 d。

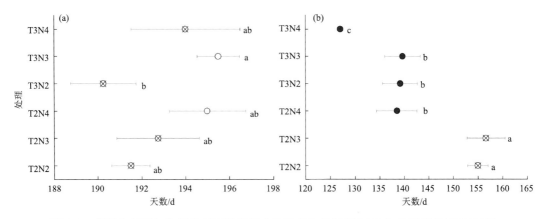

图 4.4　增温和氮添加协同处理下兴安落叶松幼苗生长周期(a)和生长盛期(b)持续时间

4.3　兴安落叶松生长周期和生长盛期对多环境因子协同作用的响应

　　长光照处理下,低氮、中氮与增温 2.0 ℃协同分别使生长周期显著延长 6.25 d 和 5.75 d,高氮与增温 1.5 ℃协同使生长周期显著延长 5.75 d(图 4.5a)。不同增温与氮添加协同作用均使兴安落叶松幼苗生长盛期显著缩短(图 4.5b),其中增温 1.5 ℃分别与低氮、中氮和高氮协同使生长盛期显著缩短 25 d、34.67 d 和 30.17 d,增温 2.0 ℃分别与低氮、中氮和高氮协同使生长盛期显著缩短 22 d、19.67 d 和 19 d。

　　短光照处理下,不同增温与氮添加协同对生长周期无显著影响(图 4.5c)。但增温与氮添加协同作用均使兴安落叶松幼苗生长盛期缩短(图 4.5d),其中增温 1.5 ℃与中氮使生长盛期显著缩短 17.33 d,增温 2.0 ℃与高氮协同使生长盛期显著缩短 10.17 d。

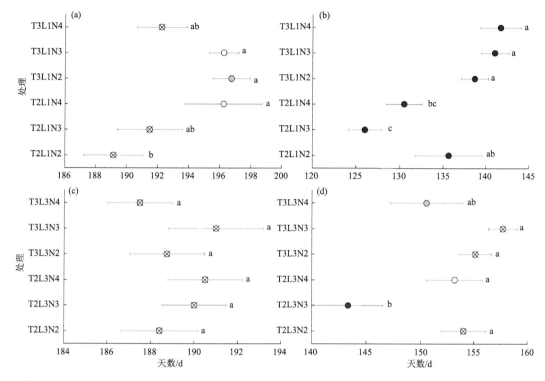

图 4.5　增温、光周期和氮添加协同处理下兴安落叶松幼苗生长周期(a、c)和生长盛期(b、d)持续时间

温度和氮添加对兴安落叶松幼苗生长周期无显著影响(表 4.1),但温度与氮添加协同显著影响兴安落叶松幼苗生长周期。光周期显著影响兴安落叶松幼苗生长周期,但在光周期与温度协同作用下,生长周期差异不显著,光周期与氮添加协同作用下,生长周期差异显著。温度、光周期与氮添加三者协同显著影响兴安落叶松幼苗生长周期。兴安落叶松幼苗生长盛期在温度、光周期、氮添加及其协同作用下差异极显著。综上所述,不同环境因子及其组合显著影响兴安落叶松幼苗生长盛期持续时间。

表 4.1　温度、光周期和氮添加及其协同作用对兴安落叶松幼苗物候持续时间的三因素方差分析(F 值)

因子	生长周期	生长盛期
T	0.255	20.078***
L	25.116***	69.113***
N	0.284	12.245***
T×L	2.164	20.035***
T×N	4.521***	8.236***
L×N	3.497***	12.369***
T×L×N	1.914*	8.178***

注:* 表示 0.01<P<0.05,** 表示 0.005<P<0.01 ,*** 表示 P<0.005。

综上所述,温度、光周期、氮添加及其协同作用影响兴安落叶松物候持续时间,不同环境因子及其组合极显著影响兴安落叶松生长盛期持续时间。主要结论如下:

　　(1)增温不显著改变兴安落叶松幼苗的生长周期,但显著缩短兴安落叶松幼苗的生长盛期,且增温 2.0 ℃使生长盛期缩短更明显(28.33 d)。

　　(2)光周期变化均显著缩短兴安落叶松幼苗的生长盛期,长光照显著延长兴安落叶松幼苗的生长周期(9.25 d),短光照对生长周期无显著影响。

　　(3)氮添加对兴安落叶松幼苗的生长周期无显著影响,但均缩短兴安落叶松幼苗生长盛期,且高氮使生长盛期缩短更明显(25.67 d)。

　　(4)长光照、短光照分别与不同增温协同使兴安落叶松幼苗生长盛期显著缩短,其中增温 2.0 ℃与长光照协同使生长盛期缩短更显著(34.67 d)。

　　(5)长光照、短光照分别与不同氮添加协同均缩短兴安落叶松幼苗生长盛期,其中长光照与高氮协同使生长盛期缩短更显著(24.67 d)。

　　(6)不同增温与氮添加协同均缩短兴安落叶松幼苗生长盛期,其中高氮与增温 2.0 ℃协同使生长盛期缩短更显著(33.67 d)。

　　(7)不同增温、氮添加与光周期协同作用使兴安落叶松幼苗生长盛期缩短,其中不同增温、氮添加与长光照协同使生长盛期缩短更显著。

第 5 章　兴安落叶松物候温度敏感度对温度、光周期和氮添加的响应

植物物候温度敏感度可以反映植物以何种程度响应气候变化,并判断植物是否易受气候变化影响。研究表明,木本植物芽期物候在不同增温处理下温度敏感度随温度的升高而减弱(Wang et al.,2021)。分析 1963—2014 年 163 种植物展叶始期表明,冬季低温不足会降低展叶始期温度敏感度(徐韵佳 等,2019)。增温处理下,栾树(*Koelreuteria paniculate Laxm.*)和喜树(*Camptptheca*)展叶期提前率分别为 1.6 d/ ℃和 1.4 d/ ℃,但樟树(*Cinnamomum camphora*(*L.*))展叶推迟率为 0.6 d/ ℃(代奎 等,2021)。西安和宝鸡两地木本植物开花始期的温度敏感度大于开花末期,使花期持续时间延长(陶泽兴 等,2020)。1951—2013 年欧洲 4 种温带树叶片衰老的温度敏感度(0.61±0.81 d/ ℃)小于叶片展开(3.67±1.55 d/ ℃)(Chen et al.,2019)。温度升高条件下,长光照使蒙古栎春季物候温度敏感度为负值,缩短光照将使蒙古栎春季物候温度敏感度由负值变为正值,即短光照对蒙古栎春季物候提前有抑制作用(胡明新 等,2021)。短光照会使欧洲山毛榉(*Fagus sylvatica*)展叶期温度敏感度降低,而七叶树(*Aesculus chinensis Bungel*)展叶期温度敏感度则无显著影响(Fu et al.,2019b)。增温条件下施氮对短花针茅的开花物候无显著影响(高福光等,2010);随着氮沉降量的增加,美国大陆植物春季物候对温度的敏感度逐渐降低(Wang et al.,2020b)。因此,在没有充分考虑增温或光周期或氮沉降及其相互作用的影响效应时,陆地生态系统对全球变暖的响应可能被高估(Meng et al.,2021)。

本章重点阐明兴安落叶松物候温度敏感度对不同程度的增温、光周期、氮添加及其协同作用的响应规律,增进对气候变化影响兴安落叶松物候的理解,并为理解东北地区生态系统结构与功能变化提供依据。

5.1　兴安落叶松物候温度敏感度对增温的响应

植物物候温度敏感度指植物物候在不同温度变化下的响应速率,在增温试验中通常表示为温度每变化 1 ℃物候期提前或延迟的天数(温度敏感度正值表示与对照相比推迟,负值表示与对照相比提前;温度敏感度大小比较指的是绝对值)。

$$P_{\text{sens}} = (D_{\text{eg}} - D_{\text{cg}})/(T_i - T_1) \tag{5.1}$$

式中,P_{sens} 为物候温度敏感度(d/ ℃),D_{eg} 为试验组各物候发生的日序;D_{cg} 为对照组各物候发生的日序;T_i 为试验组空气温度(℃),i 依据试验组取值为 2 或 3;T_1 为对照组空气温度(℃)。

增温 1.5 ℃处理下(图 5.1),兴安落叶松幼苗展叶始期和完全变色期温度敏感度为负(分别为−1.83 d/℃和−1 d/℃),但在增温 2.0 ℃处理下展叶始期和完全变色期温度敏感度为

正(分别为 0.63 d/℃和 0.38 d/℃),表明适当的增温可以促进叶片展开和衰老。不同增温条件下,兴安落叶松幼苗展叶盛期温度敏感度均为正,叶变色始期和叶变色普期温度敏感度均为负,其中展叶盛期温度敏感度在增温 1.5 ℃和 2.0 ℃条件下分别为 5.33 d/℃和 2 d/℃,叶变色始期温度敏感度分别为 −12 d/℃和 −9 d/℃,叶变色普期温度敏感度分别为 −4.22 d/℃和 −12.17 d/℃。这表明与增温 1.5 ℃相比,增温 2.0 ℃使兴安落叶松幼苗除叶变色普期外的其余物候期的温度敏感度均减小,且不同增温幅度下兴安落叶松幼苗生长始期(展叶始期)和末期(完全变色期)对温度的响应弱于生长盛期各物候期。

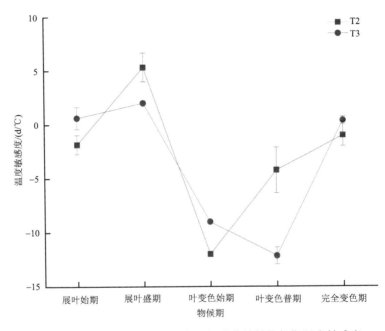

图 5.1　不同增温处理下兴安落叶松幼苗关键物候期温度敏感度

5.2　兴安落叶松物候温度敏感度对增温和光周期协同作用的响应

长光照条件下(图 5.2),增温 1.5 ℃和增温 2.0 ℃分别使展叶始期温度敏感度增大至 −2.67 d/℃和 −1 d/℃,缩短光照后展叶始期温度敏感度分别减小至 1 d/℃和 0.13 d/℃,完全变色期温度敏感度则由正变为负。相对于增温 1.5 ℃,增温 2.0 ℃处理下,长光照和短光照均使展叶盛期和叶变色始期的温度敏感度呈降低趋势,使叶变色普期的温度敏感度呈增高趋势,其中长光照使展叶盛期的温度敏感度减小至 −1.78 d/℃,短光照使叶变色始期温度敏感度减小到 −11.33 d/℃,使叶变色普期温度敏感度增大至 −8.44 d/℃。相对于增温 2.0 ℃,增温 1.5 ℃处理下,延长或缩短光照时间均使展叶盛期温度敏感度呈增大趋势,长光照使叶变色普期的温度敏感度增大至 −12.67 d/℃,但对叶变色始期温度敏感度无显著影响,缩短光照时间使叶变色始期和普期的温度敏感度分别减小至 −6 d/℃和 −4.67 d/℃。

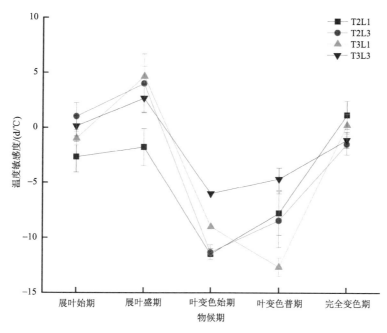

图 5.2　不同增温与光周期协同处理下兴安落叶松幼苗关键物候期温度敏感度

5.3　兴安落叶松物候温度敏感度对增温和氮添加协同作用的响应

相对于增温 1.5 ℃(图 5.3),增温 2.0 ℃ 处理下,不同氮添加均降低了展叶始期、展叶盛期和叶变色始期的温度敏感度,其中低氮、中氮和高氮分别使展叶盛期温度敏感度减小至 0.89 d/℃、0.44 d/℃和4.89 d/℃,使叶变色始期温度敏感度减小至−10.67 d/℃、−7 d/℃ 和 0 d/℃。仅高氮增大了叶变色普期的温度敏感度(−9.89 d/℃),低氮和中氮均使叶变色普期的温度敏感度降低(分别为−2.89 d/℃和−2.22 d/℃)。与增温 2.0 ℃相比,增温 1.50 ℃ 处理下,不同氮添加均增大展叶盛期的温度敏感度,但降低了叶变色始期和普期的温度敏感度,其中低氮、中氮和高氮分别使展叶盛期的温度敏感度增大至 2.42 d/℃、2.17 d/℃ 和6.67d/℃,使叶变色始期温度敏感度减小至−7.50 d/℃、−6.50 d/℃和−8.63 d/℃,使叶变色普期温度敏感度减小至−8.33 d/℃、−8.33 d/℃和−10.17 d/℃。

5.4　兴安落叶松物候温度敏感度对多环境因子协同作用的响应

长光照条件下(图 5.4),增温 1.5 ℃与低氮、中氮协同均降低了展叶始期和完全变色期的温度敏感度,而高氮增大了展叶始期和完全变色期的温度敏感度(分别为−2.67 d/℃ 和1.17 d/℃),低氮降低了展叶盛期的温度敏感度(−1.11 d/℃),中氮和高氮增大了展叶盛期的温度敏感度(分别为 8.89 d/℃ 和 11.56 d/℃),低氮、中氮和高氮分别使叶变色普期的温度敏感度增大至−17.78 d/℃、−14.22 d/℃和−8.56 d/℃。不同氮添加与增温 2.0 ℃协同均增大了展叶始期的温度敏感度,但降低了展叶盛期和叶变色普期的温度敏感度,其中低氮、中氮和高氮分别使展叶始期的温度敏感度增大至−2.38 d/℃、−1.25 d/℃和−1.25 d/℃,使展叶盛期

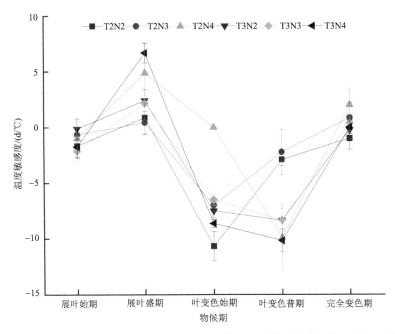

图 5.3　不同增温与氮添加协同处理下兴安落叶松幼苗关键物候期温度敏感度

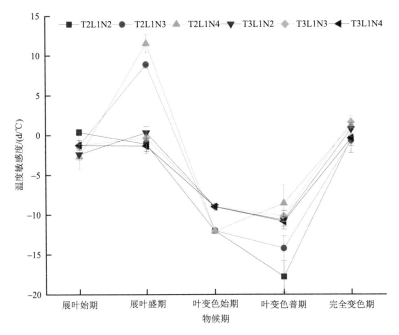

图 5.4　长光照条件下不同增温与氮添加协同处理下兴安落叶松幼苗关键物候期温度敏感度

温度敏感度减小至 0.33 d/℃、-0.33 d/℃和-1.33 d/℃,使叶变色普期温度敏感度减小至-10.67 d/℃、-10.17 d/℃和-10.83 d/℃。相同增温条件下,长光照与氮添加协同对叶变色始期的温度敏感度无显著影响。

短光照条件下(图 5.5),增温 1.5 ℃与氮添加协同均降低了展叶始期、展叶盛期和叶变色

始期的温度敏感度,其中高氮使展叶始期、展叶盛期和叶变色始期温度敏感度分别减小至
−0.50 d/℃、1.78 d/℃和 0 d/℃,仅中氮增大了叶变色普期的温度敏感度(−7.56 d/℃),低
氮和高氮均使叶变色普期的温度敏感度降低(分别为−0.89 d/℃和−3.22 d/℃)。不同氮添
加与增温 2.0 ℃协同均增大了展叶盛期的温度敏感度,但降低了叶变色始期和叶变色普期的
温度敏感度,其中低氮、中氮和高氮分别使展叶盛期的温度敏感度分别增大至 4 d/℃、2.33
d/℃和 3.67 d/℃,使叶变色始期的温度敏感度减小至 0 d/℃、−1.88 d/℃和−5 d/℃,使叶
变色普期的温度敏感度减小至 1.21 d/℃、0.83 d/℃和−1.42 d/℃。

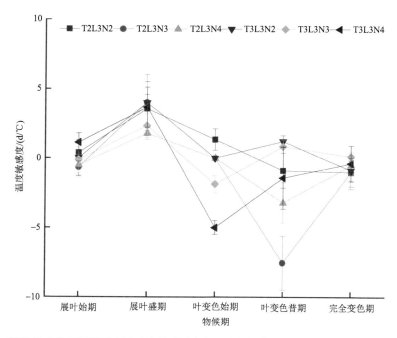

图 5.5　短光照条件下不同增温与氮添加协同处理下兴安落叶松幼苗关键物候期温度敏感度

　　光周期极显著影响叶变色普期的温度敏感度(表 5.1),并且是影响展叶始期和完全变色
期温度敏感度的主要环境因子,氮添加显著影响展叶盛期的温度敏感度,不同环境因子及其组
合极显著影响叶变色始期的温度敏感度,温度、光周期、氮添加二者协同及其三者协同均显著
影响展叶盛期和叶变色普期的温度敏感度。综上所述,光周期是影响兴安落叶松幼苗叶片展
开和叶片衰老温度敏感度的主要环境因子。

表 5.1　温度、光周期和氮添加及其协同作用对兴安落叶松幼苗物候温度敏感度的三因素方差分析(F 值)

因子	展叶始期	展叶盛期	叶变色始期	叶变色普期	完全变色期
T	0.398	3.673	9.486***	0.001	0.265
L	6.071***	0.448	607.581***	62.289***	3.291*
N	0.359	4.183*	105.647***	1.474	0.927
T×L	0.061	4.622*	44.353***	16.827***	0.144
T×N	0.923	3.949*	67.996***	3.241*	1.360
L×N	0.338	3.362**	68.207***	6.444***	0.370
T×L×N	1.721	9.327***	30.049***	3.673***	0.765

注:* 表示 $0.01 < P < 0.05$,** 表示 $0.005 < P < 0.01$,*** 表示 $P < 0.005$。

　　综上所述,温度、光周期、氮添加及其协同作用影响兴安落叶松物候期的温度敏感度,光周期是影响兴安落叶松幼苗叶片展开和叶片衰老温度敏感度的主要环境因子。主要结论如下:

　　(1)兴安落叶松幼苗物候温度敏感度除叶变色普期外,均随温度升高而降低,且生长盛期对温度响应更敏感。

　　(2)光周期影响兴安落叶松幼苗物候的温度敏感度。增温 1.5 ℃条件下,短光照均降低展叶盛期和叶变色始期的温度敏感度,增大叶变色普期的温度敏感度;增温 2.0 ℃条件下,短光照增大展叶盛期的温度敏感度,减少叶变色始期和叶变色普期的温度敏感度。

　　(3)氮添加影响兴安落叶松幼苗物候的温度敏感度。增温 1.5 ℃条件下,高氮均降低展叶盛期和叶变色始期的温度敏感度,增大叶变色普期的温度敏感度;增温 2.0 ℃条件下,高氮增大展叶盛期的温度敏感度,降低叶变色始期和叶变色普期的温度敏感度。

　　(4)光周期与氮添加协同作用影响兴安落叶松幼苗物候的温度敏感度。增温 1.5 ℃条件下,长光照与高氮协同增大展叶盛期和叶变色普期的温度敏感度,短光照与高氮协同均降低展叶盛期、叶变色始期和叶变色普期的温度敏感度。增温 2.0 ℃条件下,长光照与氮添加协同降低展叶盛期和叶变色普期的温度敏感度,短光照与氮添加协同均增大展叶盛期的温度敏感度,降低叶变色始期和普期的温度敏感度。

第 6 章　蒙古栎主要物候期对温度、光周期和氮添加的响应

本章重点阐明蒙古栎主要物候期对不同程度的增温、光周期、氮添加及其协同作用的响应规律,增进对气候变化影响蒙古栎物候的理解,并为理解东北地区生态系统结构与功能变化提供依据。

6.1　蒙古栎主要物候期对单环境因子变化的响应

与对照(T1)相比,增温对芽膨大期和完全变色期影响显著,对其他物候期影响不显著(图6.1、表6.1)。增温 1.5 ℃和 2.0 ℃使芽膨大期分别提前 3.7 d 和 6.7 d,完全变色期在增温1.5 ℃下推迟 11.5 d,在增温 2.0 ℃下推迟 13.0 d。这表明,增温使蒙古栎的生长期(芽膨大期至完全变色期)延长,且随增温幅度的增大而增长。

表 6.1　增温、光周期和氮添加变化下蒙古栎幼苗物候观测结果(日序)

处理	芽膨大期	芽开放期	展叶始期	展叶盛期	叶黄始期	叶黄普期	完全变色期
T1	126.7[a]	130.0[a]	134.0[ab]	136.5[ab]	225.0[b]	262.3[a]	269.5[b]
T2	123.0[bc]	128.5[ab]	132.0[ab]	135.5[ab]	226.8[ab]	259.0[ab]	281.0[a]
T3	120.0[c]	128.5[ab]	134.5[a]	138.0[a]	226.0[ab]	259.0[ab]	282.5[a]
L1	126.0[ab]	130.0[a]	134.0[ab]	137.3[a]	223.0[b]	255.7[ab]	275.0[ab]
L3	126.0[ab]	129.5[ab]	133.0[ab]	135.5[ab]	232.0[a]	251.7[b]	260.0[c]
N2	122.0[c]	127.5[ab]	131.0[ab]	134.0[ab]	223.0[b]	254.7[ab]	260.7[c]
N3	123.0[bc]	126.5[b]	130.5[b]	133.0[ab]	223.0[b]	258.3[ab]	268.7[b]
N4	122.5[bc]	127.0[ab]	130.5[b]	134.5[b]	223.0[b]	259.0[ab]	279.0[ac]

注:字母 a、b、c 及组合表示差异显著($P<0.05$)。T1—对照处理,T2—增温 1.5 ℃处理,T3—增温 2.0 ℃处理,L1—长光照处理,L2—对照处理,L3—短光照处理,N1—对照处理,N2—低氮处理,N3—中氮处理,N4—高氮处理。下同。

不同光周期处理未显著改变蒙古栎春季物候(芽膨大期、芽开放期、展叶始期、展叶盛期)的发生时间(图 6.1b)。长光照对秋季物候(叶黄始期、叶黄普期、完全变色期)无显著影响。短光照使叶黄始期显著推迟 7.0 d、叶黄普期和完全变色期分别显著提前 10.7 d 和 9.5 d。这表明,光周期变化主要影响秋季物候且对不同物候阶段会产生截然相反的作用,光周期缩短将使蒙古栎生长盛期(展叶盛期至叶黄始期)相对延长。

除叶黄始期外,氮添加均显著影响蒙古栎幼苗主要物候期。氮添加使蒙古栎幼苗春季物候不同程度提前(图 6.1c),提前程度与氮添加程度无明显相关性。叶黄普期和完全变色期受

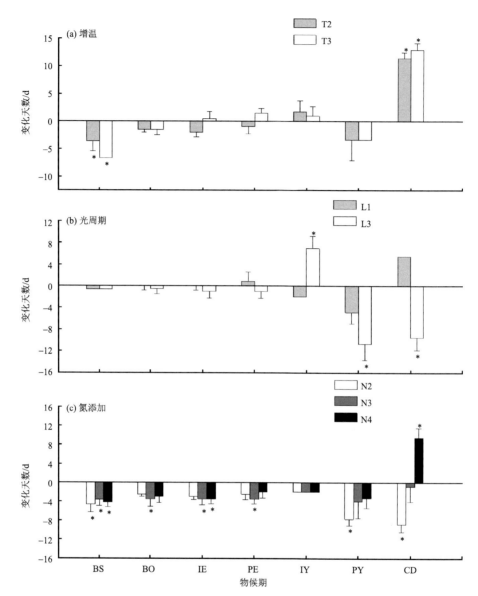

图 6.1　增温（a）、光周期（b）和氮添加（c）变化下蒙古栎幼苗各物候期的变化天数
（BS—芽膨大期，BO—芽开放期，IE—展叶始期，PE—展叶盛期，IY—叶黄始期，PY—叶黄普期，
CD—完全变色期；正值表示与对照相比推迟的天数，负值表示与对照相比提前的天数，
* 表示与对照相比差异显著（$P<0.05$）。下同）

氮添加程度影响显著。低氮、中氮和高氮处理下叶黄普期分别提前 7.7 d、4.0 d 和 3.3 d，完全变色期在低氮和中氮处理下分别提前 8.8 d 和 0.8 d，而在高氮处理下显著推迟 9.5 d。这表明，高氮处理使蒙古栎生长期延长。

　　植物展叶期直接影响光合作用，对植物固碳具有重要影响。蒙古栎幼苗展叶始期的发生时间见表 6.2。展叶始期整体为 126.0 d～139.0 d。从图 6.2 可以看出，与对照相比，在单因素处理中，不同增温处理对展叶始期影响不同，T2 处理使展叶始期提前 2.0 d，T3 处理使展叶始期推迟 0.5 d。光周期处理未使展叶始期有显著变化（$P>0.05$），其中，L3 处理使展叶始期提前 1.0 d。氮添加对展叶始期有显著影响（$P<0.05$），N2 处理使展叶始期显著提前 3.5 d。增温和光周期协同作用下，长光照均使展叶始期提前，短光照均使展叶始期推迟，且在相同光周期下，随着温度的升高，影响更为显著，表现为 T2L1、T3L1 处理下展叶始期分别提前 3.0 d 和 3.5 d，T2L3、T3L3 处理下展叶始期分别推迟 2.5 d 和 5.0 d。增温和氮添加协同作用均使展叶始期提前，T2N2、T3N2 处理使展叶始期分别提前 4.5 d 和 2.5 d。光周期和氮添加协同作用对展叶始期均无显著影响。增温、光周期和氮添加三者协同作用中，相同氮添加处理下，增温和长光照协同作用均使展叶始期显著提前，增温和短光照协同作用无显著影响，其中 T2L1N2、T3L1N2 处理使展叶始期分别提前 8.0 d 和 6.5 d。

表 6.2　温度、光周期和氮素变化及其协同作用下蒙古栎幼苗展叶期（日序）

处理	展叶始期	展叶盛期	处理	展叶始期	展叶盛期
T1	134.0±1.4	136.5±1.5	T3L3	139.0±0.6	141.0±0.6
T2	132.0±0.8	135.5±1.3	T2N2	129.5±1.3	131.5±0.7
T3	134.5±1.3	138.0±0.8	T3N2	131.5±0.5	135.5±0.5
L1	134.0±0.8	137.3±1.8	L1N2	133.5±1.0	136.5±1.0
L3	133.0±1.3	135.5±1.3	L3N2	132.0±0.6	136.0±0.5
N2	130.5±1.0	133.0±1.3	T2L1N2	126.0±0.8	129.0±1.0
T2L1	131.0±1.0	134.0±0.8	T2L3N2	133.3±1.0	137.0±1.0
T2L3	136.5±1.5	140.5±1.0	T3L1N2	127.5±0.0	131.0±0.0
T3L1	130.5±1.1	131.0±2.0	T3L3N2	135.0±1.8	137.5±2.4

注：N1—对照处理，N2—氮添加处理，T2L1—增温 1.5 ℃ 和长光照处理，T2L3—增温 1.5 ℃ 和短光照处理，T3L1—增温 2.0 ℃ 和长光照处理，T3L3—增温 2.0 ℃ 和短光照处理，T2N2—增温 1.5 ℃ 和氮添加处理，T3N2—增温 2.0 ℃ 和氮添加处理，L1N2—长光照和氮添加处理，L3N2—短光照和氮添加处理，T2L1N2—增温 1.5 ℃、长光照和氮添加处理，T2L3N2—增温 1.5 ℃、短光照和氮添加处理，T3L1N2—增温 2.0 ℃、长光照和氮添加处理，T3L3N2—增温 2.0 ℃、短光照和氮添加处理。下同。

蒙古栎幼苗展叶盛期的发生时间见表 6.2。展叶盛期整体为 129.0～141.0 d。从图 6.2 可以看出，与对照相比，单因素各处理对展叶盛期的影响不显著（$P>0.05$）。其中，不同增温和光周期处理对展叶盛期的影响不同，表现为 T2 处理使展叶盛期提前 1.0 d，而 T3 处理使展叶盛期推迟 1.5 d；L1 处理使展叶盛期推迟 0.8 d，而 L3 处理使展叶盛期提前 1.0 d。与展叶始期相同，展叶盛期在 N2 处理下提前 3.5 d。增温环境下，长光照导致展叶盛期提前，短光照均导致展叶盛期推迟。相同光周期条件下，增温 2.0 ℃ 较于增温 1.5 ℃ 对展叶盛期的影响更显著。长光照环境下，增温 1.5 ℃ 和增温 2.0 ℃ 使展叶盛期分别提前 2.5 d 和 5.5 d；短光照环境下，增温 1.5 ℃ 和增温 2.0 ℃ 使展叶盛期分别推迟 4.0 d 和 4.5 d。增温和氮添加协同作用均导致展叶盛期提前，但仅在增温 1.5 ℃ 环境下有显著影响（$P<0.05$），表现为使展叶盛期提前 5.0 d。光周期和氮添加协同作用对展叶盛期均无显著影响。增温、光周期和氮添加三者协同作用中，长光照均使展叶盛期显著提前，短光照无显著影响，其中 T2L1N2、T3L1N2 处理使展叶盛期分别提前 7.5 d 和 5.5 d。

三因素方差分析表明，蒙古栎展叶始期和展叶盛期对不同环境因子的响应不同，但具有显著一致性（表 6.3）。单因子作用中，温度对展叶始期和展叶盛期均在 0.05 水平上有显著影响

（$P<0.05$），光周期和氮添加均在 0.001 水平上有显著影响（$P<0.001$）。协同作用中，仅温度和光周期协同作用对展叶期有显著影响，温度和氮添加协同作用、光周期和氮添加协同作用以及温度、光周期和氮添加协同作用对展叶期均无显著影响（$P>0.05$）。这表明，温度和光周期在影响蒙古栎展叶期方面既存在单独作用，也存在协同作用，氮素仅在单独作用时对蒙古栎展叶期产生显著影响。

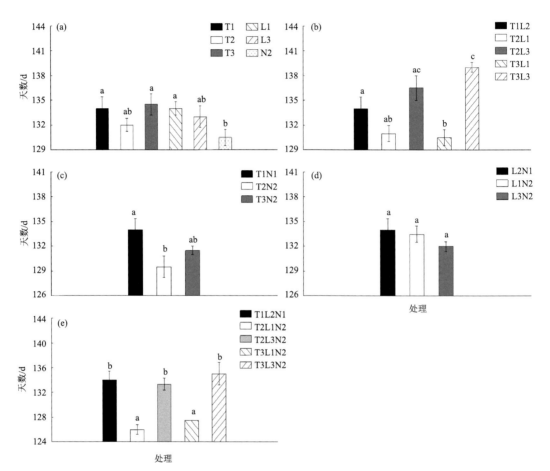

图 6.2　不同温度、光周期和氮素及其协同作用下蒙古栎展叶始期的变化天数
（a）增温、光周期和氮添加单因素处理；（b）增温和光周期协同作用；（c）增温和氮添加协同作用；
（d）光周期和氮添加协同作用；（e）增温、光周期和氮添加协同作用

表 6.3　不同温度、光照和氮素变化下蒙古栎展叶期的三因素方差分析（F 值）

因子	展叶始期	展叶盛期	因子	展叶始期	展叶盛期
T	4.061*	3.618*	T×N	1.064	2.051
L	19.347***	19.834***	L×N	0.019	0.492
N	24.209***	16.013***	T×L×N	0.763	0.911
T×L	8.304***	8.512***			

注：T：温度，L：光周期，N：氮素；* 表示 $P<0.05$，*** 表示 $P<0.005$。

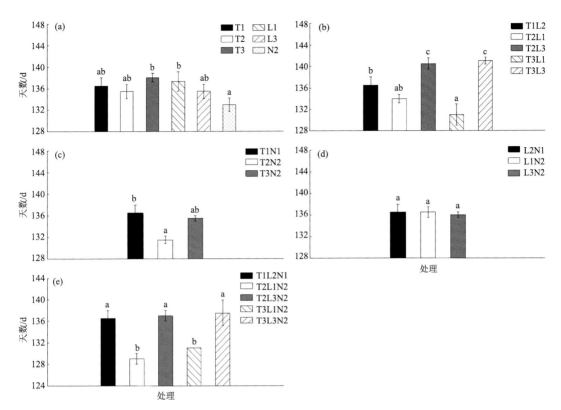

图 6.3　不同温度、光周期和氮添加及其协同作用下蒙古栎展叶盛期的变化天数
（a）增温、光周期和氮添加单因素处理；（b）增温和光周期协同作用；（c）增温和氮添加协同作用；
（d）光周期和氮添加协同作用；（e）增温、光周期和氮添加协同作用

6.2　蒙古栎主要物候期对温度、光周期和氮添加二者协同作用的响应

6.2.1　不同物候期对增温与光周期协同作用的响应

在不同增温和光周期协同作用下，蒙古栎幼苗各物候期的发生时间存在差异（表 6.4）。与对照相比，增温和长光照协同作用使蒙古栎幼苗春季物候均提前，增温和短光照协同作用使蒙古栎幼苗春季物候均推迟（图 6.4）。无论在长光照或短光照处理下，增温 2.0 ℃较增温 1.5 ℃对蒙古栎幼苗春季物候的影响更显著。叶黄始期和叶黄普期仅在增温和短光照协同作用下有

表 6.4　增温和光周期协同作用下蒙古栎幼苗物候观测结果（日序）

处理	芽膨大期	芽开放期	展叶始期	展叶盛期	叶黄始期	叶黄普期	完全变色期
T2L1	124.7[ab]	127.5[ab]	131.0[b]	134.0[b]	224.0[b]	264.0b	282.5[b]
T2L3	127.3[a]	130.5[ab]	136.5[a]	140.5[a]	237.0[a]	253.3a	265.5[a]
T3L1	121.5[b]	127.0[b]	130.5[b]	131.0[b]	226.0[b]	263.3b	280.0[b]
T3L3	127.0[a]	132.0[a]	139.0[a]	141.0[a]	236.5[a]	256.7a	266.0[a]

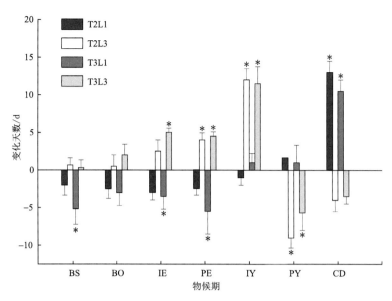

图 6.4　增温和光周期协同作用下蒙古栎幼苗各物候期的变化天数

显著变化。短光照处理下,增温 1.5 ℃ 和增温 2.0 ℃ 使叶黄始期分别推迟 12.0 d 和 11.5 d、叶黄普期分别提前 9.0 d 和 5.7 d。增温和长光照协同作用显著影响完全变色期。长光照处理下,增温 1.5 ℃ 和增温 2.0 ℃ 使完全变色期分别推迟 13.0 d 和 10.5 d。总体而言,增温和短光照协同作用使蒙古栎幼苗枯黄推迟。

6.2.2　不同物候期对增温与氮添加协同作用的响应

氮添加处理下,增温 1.5 ℃ 和增温 2.0 ℃ 均使蒙古栎幼苗春季物候提前,其中增温 1.5 ℃ 对春季物候影响均显著(图 6.5)。增温 1.5 ℃ 处理下,低氮、中氮和高氮处理使叶黄普期分别提前 10.3 d、6.8 d 和 0.8 d,完全变色期在低氮处理下提前 2.5 d,在中氮和高氮处理下分别推迟 1.5 d 和 16.0 d,表明高氮添加使完全变色期显著推迟。增温 2.0 ℃ 处理下,叶黄普期和完全变色期对氮添加的响应不同,低氮、中氮和高氮处理下叶黄普期分别提前 6.7 d、5.7 d 和 7.3 d,而完全变色期分别推迟 1.5 d、5.5 d 和 14.5 d,且从表 6.5 可以看出,高氮处理较低氮处理推迟显著。这表明,增温和高氮添加协同作用将使蒙古栎幼苗叶黄期(叶黄始期到完全变色期)延长。

表 6.5　增温和氮添加协同作用下蒙古栎幼苗物候观测结果(日序)

处理	芽膨大期	芽开放期	展叶始期	展叶盛期	叶黄始期	叶黄普期	完全变色期
T2N2	119.0[a]	126.0[ab]	129.5[a]	132.0[bc]	223.0[a]	252.0[b]	267.0[d]
T2N3	122.5[bc]	126.5[a]	129.5[a]	131.5[c]	223.0[a]	255.5[ab]	271.0[c]
T2N4	119.3[ab]	122.7[b]	128.7[a]	130.7[c]	223.0[a]	261.5[a]	285.5[a]
T3N2	124.0[c]	128.5[a]	131.5[a]	134.5[ab]	223.0[a]	255.7[ab]	271.0[c]
T3N3	123.5[c]	127.5[a]	131.5[a]	135.5[a]	225.0[a]	256.7[ab]	275.0[bc]
T3N4	124.0[c]	127.5[a]	129.5[a]	132.5[bc]	223.0[a]	255.0[ab]	284.0[ab]

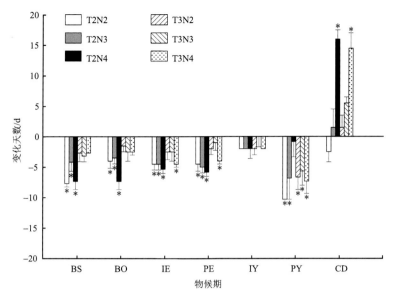

图 6.5　增温和氮添加协同作用下蒙古栎幼苗各物候期的变化天数

6.2.3　不同物候期对光周期和氮添加协同作用的响应

光周期和氮添加协同作用对蒙古栎秋季物候有显著影响(图 6.6)。与对照相比,蒙古栎幼苗春季物候在光周期和氮添加协同作用下无显著变化。长光照处理下,氮添加显著影响叶黄普期和完全变色期,低氮、中氮和高氮处理下叶黄普期分别提前 11.3 d、8.7 d 和 9.1 d,完全变色期分别推迟 8.5 d、7.5 d 和 7.5 d。短光照处理下,氮添加显著影响叶黄始期,低氮、中氮和高氮处理使叶黄始期分别推迟 11.5 d、8.0 d 和 7.3 d。从表 6.6 可以看出,在叶黄始期不同氮添加处理下,短光照较长光照均有显著差异。这表明,短光照和氮添加协同作用使蒙古栎幼苗枯黄推迟。

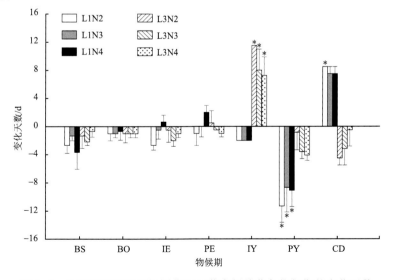

图 6.6　光周期和氮添加协同作用下蒙古栎幼苗各物候期的变化天数

表 6.6　　光周期和氮添加协同作用下蒙古栎幼苗物候观测结果(日序)

处理	芽膨大期	芽开放期	展叶始期	展叶盛期	叶黄始期	叶黄普期	完全变色期
L1N2	124.0[a]	129.0[a]	131.3[a]	135.5[a]	223.0[b]	251.0[b]	278.0[a]
L1N3	125.3[a]	129.0[a]	133.5[a]	136.5[a]	223.0[b]	253.7[ab]	277.0[a]
L1N4	123.0[a]	129.3[a]	134.7[a]	138.5[a]	223.0[b]	253.3[ab]	277.0[a]
L2N2	125.3[a]	129.0[a]	133.5[a]	137.0[a]	236.5[a]	261.5a	265.0[b]
L2N3	124.5[a]	129.0[a]	132.0[a]	136.0[a]	233.0[a]	258.8[ab]	266.3[b]
L2N4	126.0[a]	129.0[a]	133.0[a]	135.5[a]	232.3[a]	258.3[ab]	269.0[b]

6.3　蒙古栎主要物候期对多环境因子协同作用的响应

与对照相比,增温、长光照和氮添加协同作用使蒙古栎幼苗春季物候均显著提前,短光照对春季物候影响不显著(图 6.7)。叶黄普期和完全变色期对增温、长光照和氮添加协同作用的响应不同,表现为叶黄普期提前而完全变色期推迟。增温、短光照和氮添加协同作用均导致

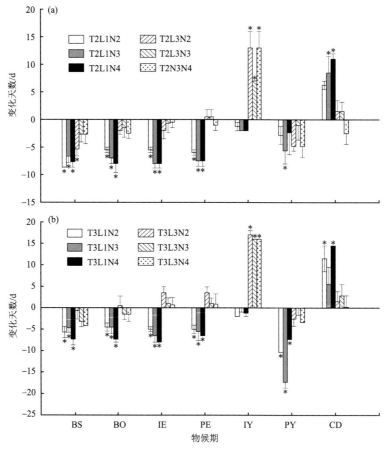

图 6.7　增温、光周期和氮添加协同作用下蒙古栎幼苗各物候期的变化天数
(a)增温 1.5 ℃;(b)增温 2.0 ℃

叶黄始期显著推迟。其中,增温 1.5 ℃和短光照处理下,低氮、中氮和高氮处理使叶黄始期分别推迟 13.0 d、7.0 d 和 13.0 d(图 6.7a);增温 2.0 ℃和短光照处理下,低氮、中氮和高氮处理使叶黄始期分别推迟 17.0 d、16.0 d 和 16.0 d(图 6.7b)。短光照处理下,叶黄始期在不同增温和氮添加协同作用下无显著差异(表 6.7)。这表明,增温、短光照和氮添加协同作用使叶黄始期推迟,导致生长盛期相对延长。

表 6.7　增温、光周期和氮添加协同作用下蒙古栎幼苗物候观测结果(日序)

处理	芽膨大期	芽开放期	展叶始期	展叶盛期	叶黄始期	叶黄普期	完全变色期
T2L1N2	118.0[c]	124.5[bd]	128.5[d]	130.5[c]	223.8[c]	259.5[ab]	275.8[ac]
T2L1N3	120.0[bc]	123.0[cd]	126.0[d]	129.0[c]	223.0[c]	256.7[ab]	278.0[ac]
T2L1N4	119.0[bc]	122.0[cd]	126.0[d]	129.0[c]	223.0[c]	260.0[ab]	280.5[ab]
T2L3N2	121.3[ac]	128.0[ab]	132.0[bc]	137.0[ab]	238.0[a]	257.5[ab]	271.0[bc]
T2L3N3	124.0[ab]	128.5[ab]	133.3[b]	137.0[ab]	232.0[ab]	261.3[a]	271.0[bc]
T2L3N4	124.0[ab]	127.5[ab]	133.5[b]	135.5[b]	238.0[a]	257.5[ab]	267.0[c]
T3L1N2	121.0[ac]	125.5[bc]	129.0[cd]	131.5[c]	223.0[c]	252.0[b]	281.0[ab]
T3L1N3	122.0[ac]	125.5[bc]	127.5[d]	131.0[c]	225.0[bc]	245.0[c]	275.0[ac]
T3L1N4	119.3[bc]	122.7[cd]	126.0[d]	130.0[c]	223.8[c]	255.0[ab]	284.0[a]
T3L3N2	126.0[a]	130.5[a]	137.5[a]	140.0[a]	242.0[a]	259.8[ab]	271.0[bc]
T3L3N3	123.5[ab]	128.5[ab]	135.0[ab]	137.5[ab]	241.0[a]	262.3[a]	272.3[ac]
T3L3N4	122.5[ac]	128.5[ab]	134.7[ab]	137.3[ab]	241.0[a]	259.0[ab]	269.7[bc]

综上所述,蒙古栎主要物候期受增温、光周期和氮添加及其协同作用的影响,主要结论如下:

(1)增温延长蒙古栎幼苗生长期。增温 1.5 ℃和增温 2.0 ℃均使芽膨大期显著提前、完全变色期显著推迟。光周期仅影响蒙古栎幼苗秋季物候且对不同物候阶段会产生相反的作用。较短的光周期显著推迟叶黄始期,而促进叶黄普期和完全变色期显著提前。氮添加使蒙古栎幼苗春季物候均提前,对叶黄始期影响不显著;叶黄普期和完全变色期在低氮水平下显著提前,而高氮水平使完全变色期显著推迟,表明高氮添加使蒙古栎幼苗生长期延长。

(2)增温环境下,长光照促进蒙古栎幼苗春季物候提前,秋季物候中仅对完全变色期有显著的推迟作用;短光照推迟蒙古栎幼苗春季物候,对于秋季物候,表现为推迟叶黄始期,提前叶黄普期和完全变色期。

(3)增温和氮添加协同作用促进蒙古栎幼苗春季物候提前,对叶黄始期影响不显著;叶黄普期和完全变色期对增温和氮添加协同作用的响应不同,表现为叶黄普期提前,而完全变色期仅在高氮水平下推迟。

(4)光周期和氮添加协同作用仅显著影响蒙古栎幼苗秋季物候。氮添加环境下,短光照显著推迟叶黄始期,长光照显著促进叶黄普期提前、推迟完全变色期。

(5)增温、光周期和氮添加协同作用下,蒙古栎幼苗不同物候主要受到光周期的影响。增温和氮添加环境下,光周期增长促进春季物候提前、推迟完全变色期,叶黄始期和叶黄普期无显著变化;光周期缩短仅对叶黄始期有显著影响,表现为推迟叶片的枯黄。

第 7 章　蒙古栎物候温度敏感度对温度、光周期和氮添加的响应

本章重点阐明蒙古栎物候温度敏感度对不同程度的增温、光周期、氮添加及其协同作用的响应规律,增进对气候变化影响蒙古栎物候的理解,并为理解东北地区生态系统结构与功能变化提供依据。

7.1　蒙古栎不同春季物候期间的关系

蒙古栎幼苗芽膨大期、芽开放期、展叶始期和展叶盛期之间呈显著相关(表 7.1)。其中,芽膨大期与芽开放期、芽膨大期与展叶始期、芽开放期与展叶始期、芽开放期与展叶盛期、展叶始期与展叶盛期均在 0.01 水平上呈显著正相关,芽膨大期与展叶盛期在 0.05 水平上呈显著正相关。

不同处理下各春季物候期与前期物候期呈显著的线性正相关(图 7.1、表 7.2),表明物候与前期温度和光周期呈显著正相关,尤其是芽开放期与展叶始期、展叶始期与展叶盛期的相关非常显著。

表 7.1　蒙古栎不同春季物候期之间的相关系数

物候期	芽膨大期	芽开放期	展叶始期	展叶盛期
芽膨大期	1.000			
芽开放期	0.612**	1.000		
展叶始期	0.491**	0.812**	1.000	
展叶盛期	0.414*	0.716**	0.857**	1.000

注:* 和 ** 分别表示在 $P<0.05$ 和 $P<0.01$ 水平(双侧)上显著相关。

表 7.2　不同春季物候期与前期物候期的相关关系

物候期	拟合方程	n	R^2	P
芽膨大期—芽开放期	BO = 0.419BS + 77.323	36	0.375	0.000
芽膨大期—展叶始期	F1 = 0.441BS + 79.237	36	0.241	0.002
芽膨大期—展叶盛期	LU = 0.394BS + 88.424	36	0.171	0.012
芽开放期—展叶始期	F1 = 1.064BO − 3.736	36	0.659	0.000
芽开放期—展叶盛期	LU = 0.994BO + 8.774	36	0.512	0.000
展叶始期—展叶盛期	LU = 0.908 F1 + 15.723	36	0.735	0.000

注:BS 表示芽膨大期,BO 表示芽开放期,F1 表示展叶始期,LU 表示展叶盛期。

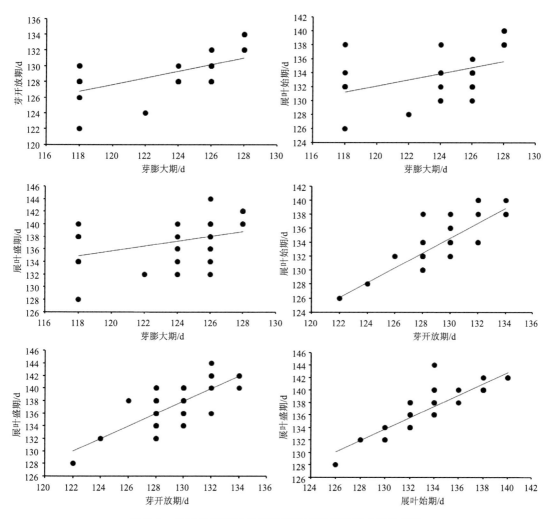

图 7.1　不同处理下蒙古栎幼苗各春季物候期之间的相关

7.2　蒙古栎春季物候持续时间对温度和光周期协同作用的响应

温度、光周期及其协同作用均未显著改变蒙古栎幼苗芽膨大期—芽开放期的持续时间(图7.2)。但增温 2.0 ℃使芽开放期—展叶始期的持续时间显著延长 2.0 d。短光周期条件下增温 1.5 ℃和增温 2.0 ℃使芽开放期—展叶始期的持续时间分别延长 2.0 d 和 3.0 d;长光周期及其与增温 2.0 ℃协同作用分别使蒙古栎幼苗展叶始期—展叶盛期的持续时间延长 2.5 d 和 2.0 d,但增温 1.5 ℃和长光周期协同作用的影响不显著。

7.3　蒙古栎不同物候期响应温度、光照时间和氮添加变化的途径

光照时间、增温和氮添加变化对蒙古栎不同物候期的影响不同。前述分析表明,光照时间可以改变蒙古栎幼苗的秋季物候,较短的光照时间推迟幼苗的叶黄始期,促进叶黄普期和完全

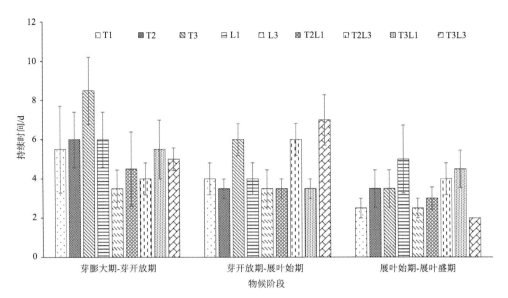

图 7.2　增温、光周期及其协同作用对蒙古栎幼苗各物候阶段持续时间的影响(平均值±标准误差)
(T1—对照处理,T2—增温 1.5 ℃处理,T3—增温 2.0 ℃处理,L1—长光周期处理,L3—短光周期处理,
T2L1—增温 1.5 ℃和长光周期处理,T2L3—增温 1.5 ℃和短光周期处理,T3L1—增温 2.0 ℃和
长光周期处理,T3L3—增温 2.0 ℃和短光周期处理)

变色期提前。但是,光照时间并未显著改变蒙古栎幼苗的春季物候。本研究的试验材料原生地冬季漫长,长时间的低温条件可能导致植物对春季光照时间的敏感度较弱。

增温促进蒙古栎幼苗春季休眠的解除,对秋季休眠具有延缓作用,从而使生长期得以延长。增温 2.0 ℃较增温 1.5 ℃对蒙古栎物候的影响更显著,意味着在一定的变暖范围内,蒙古栎生长期将会进一步延长。相对于温度,氮添加对植物物候的影响研究较少。本研究中,不同氮添加水平均促进蒙古栎幼苗春季物候提前,与现有研究结果并不完全相同,表明植物物候对氮添加的响应存在物种和地域差异。同时,蒙古栎幼苗秋季物候对氮添加水平较为敏感。叶黄普期阶段,氮添加水平的增大使其提前程度逐渐降低,随着物候期进程,较高水平的氮添加使完全变色期显著推迟。这表明,不同氮添加水平会对蒙古栎秋季物候产生不同的影响,未来大气氮沉降的持续增加可能会导致蒙古栎秋季物候的响应方式发生改变。从现有的研究结果看,氮沉降对植物物候的影响存在很大的不确定性,不同物种的物候对氮沉降响应的研究较少。本研究表明,氮沉降可以对植物的物候期产生显著影响。

多环境因子变化的协同作用导致更复杂的物候反应。增温 1.5 ℃和氮添加协同作用比两者独立作用对蒙古栎幼苗春季物候的提前效应更强,表明温度和氮添加的协同可能对植物物候存在一定的累加效应。但也有研究表明,这种累加效应并不具有普遍性,可能与植物物候对变暖和氮沉降的物种特异反应有关。光照时间可以调控蒙古栎幼苗物候的响应方式,尤其是对春季物候。增温环境下,长光照导致展叶期提前而短光照导致展叶期推迟。

通过多环境因子对蒙古栎各物候期的影响途径分析(图 7.3)可以看出,在不同物候期,各环境因子的影响并不相同,表明多环境因子协同作用中不同环境因子对物候期影响的贡献不同。在蒙古栎幼苗的芽期,各环境因子的影响由大到小依次为温度、氮添加和光照时间;展叶期依次为氮添加、光照时间,温度影响不显著。对秋季物候的不同阶段,光照时间是影响叶黄始期和叶黄普期的主要环境因子,路径系数分别为 0.73 和 0.48,完全变色期受氮添加影响最大,路径系数为 0.88。

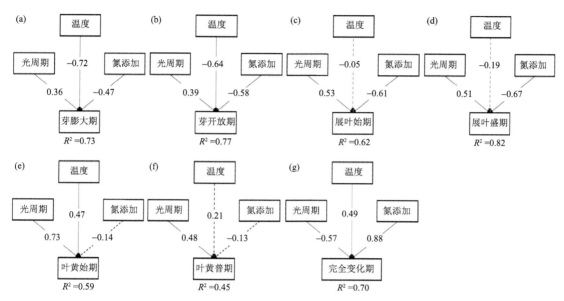

图 7.3　基于结构方程的蒙古栎幼苗不同物候期响应温度、光照时间和氮添加变化的途径
(实线和虚线分别表示显著($P<0.05$)和不显著的路径($P>0.05$),箭头上的数字表示标准化的路径系数,R^2 表示模型所解释的变化比例)

　　植被生长期的延长被认为是北半球陆地生态系统生产力增大的主要原因。生长期长度与总初级生产力(GPP)和净初级生产力(NPP)密切相关,较长的生长期最终可能会促进植被生长。增温、短光照和氮添加的协同作用推迟了蒙古栎的叶黄始期,表明在东北地区,日益升高的气温和氮沉降量以及减少的日照时数将有利于蒙古栎的生长。

7.4　蒙古栎物候温度敏感度对多环境因子协同作用的响应

7.4.1　蒙古栎展叶期的温度敏感度

　　从图 7.4 可以看出,增温 1.5 ℃环境下,蒙古栎展叶始期和展叶盛期在各处理的温度敏感度不同,表明蒙古栎展叶期对温度的响应程度不同。各处理中,增温、长光照和氮添加协同作用的温度敏感度最大,展叶始期为−5.3 d/℃,展叶盛期为−5.0 d/℃;增温、短光照和氮添加协同作用的温度敏感度最小,展叶始期和展叶盛期分别为−0.5 d/℃ 和−0.3 d/℃,表明蒙古栎展叶期在增温、长光照和氮添加协同作用中对温度的敏感程度最大,而在与短光照三者协同作用中对温度的敏感程度最小。增温和长光照协同作用下,蒙古栎展叶期的温度敏感度均为负值,即温度升高使展叶期提前。增温和短光照协同作用下,蒙古栎展叶期的温度敏感度均为正值,即温度升高条件下缩短光照时间将导致蒙古栎展叶期推迟。
　　从图 7.5 可以看出,增温 2.0 ℃环境下,蒙古栎展叶始期和展叶盛期在各处理的温度敏感度趋势一致,表明蒙古栎展叶期对温度的响应方式相同。其中,增温、增温和短光照协同作用以及增温、短光照和氮添加协同作用下蒙古栎展叶期的温度敏感度均为正,表明温度升高使展叶期推迟。增温和长光照协同作用以及增温、长光照和氮添加协同作用下蒙古栎展叶期的温度敏感度均为负,展叶始期温度敏感度分别为 -1.8 d/℃ 和 -2.8 d/℃,展叶盛期分别为 -3.3 d/℃ 和 -2.8 d/℃,表明温度升高条件下延长光照时间将导致蒙古栎展叶期提前。

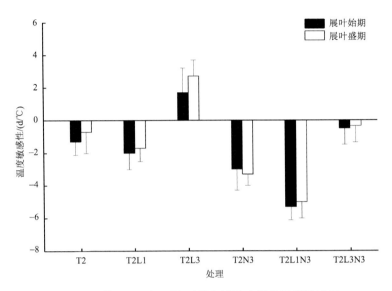

图 7.4　增温 1.5 ℃ 环境下蒙古栎展叶期的温度敏感度

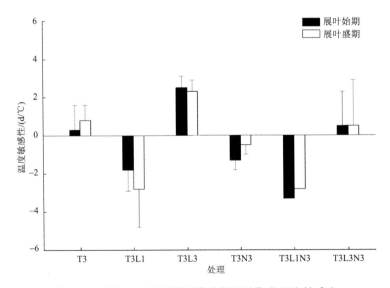

图 7.5　增温 2.0 ℃ 环境下蒙古栎展叶期的温度敏感度

7.4.2　蒙古栎不同春季物候温度敏感度

增温与长光周期协同作用下,蒙古栎幼苗春季物候的温度敏感度均为负,表明温度升高使春季物候提前(图 7.6)。增温与短光周期协同作用下,蒙古栎幼苗春季物候的温度敏感度均为正,即在升温条件下缩短光周期将导致蒙古栎幼苗春季物候推迟。增温 2.0 ℃ 条件下,随着物候期的推进,蒙古栎幼苗的物候响应方式发生改变,表现为展叶前的芽膨大期和芽开放期提前,展叶后的展叶始期和展叶盛期推迟。

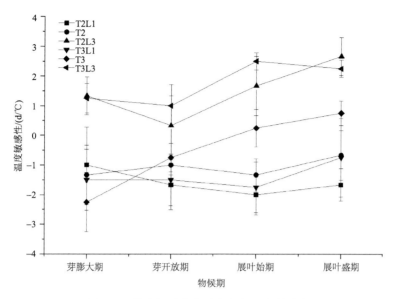

图 7.6　蒙古栎幼苗春季物候的温度敏感度

(T2—增温 1.5 ℃处理,T3—增温 2.0 ℃处理,T2L1—增温 1.5 ℃和长光周期处理,T2L3—增温 1.5 ℃和短光周期处理,T3L1—增温 2.0 ℃和长光周期处理,T3L3—增温 2.0 ℃和短光周期处理)

综上所述,物候变化与前期气候胁迫呈显著正相关,表明在发展物候模型时需要考虑前期物候环境因子的影响。

增温与光周期协同作用影响蒙古栎幼苗春季物候的持续时间。不同增温、增温 2.0 ℃与短光周期协同作用均使芽开放期—展叶始期持续时间延长,长光周期、增温 2.0 ℃与长光周期协同作用均使展叶始期—展叶盛期持续时间延长。

不同增温背景下不同光照时间、氮添加及其协同作用影响蒙古栎展叶期的温度敏感度,展叶始期和展叶盛期在各处理的温度敏感度无显著差异,表明展叶期对温度的敏感程度具有一致性。光照时间可以调控蒙古栎展叶期的温度敏感度,缩短光照时间导致展叶期温度敏感度由负变为正。光周期可以调控蒙古栎春季物候的温度敏感度。增温条件下缩短光周期将使蒙古栎幼苗春季物候的温度敏感度由负变为正,即增温与缩短光周期协同作用使蒙古栎幼苗春季物候由提前变为推迟。

第 8 章　植物生理生化特征对温度、光周期和氮添加的响应

　　光合作用是植物进行生长和代谢的关键环节,是植物利用光能合成有机化合物的初级生产来源,可以通过净光合速率、气孔导度、蒸腾速率等光合生理特征指标来反映。环境因子变化通过影响植物生理、生化特性影响其光合作用,最终影响植物物候的变化。

　　本章重点以蒙古栎为例,阐明植物生理、生化特征对不同程度的增温、光周期、氮添加及其协同作用的响应规律,为揭示环境变化对植物物候的影响机制提供依据,增进对环境变化影响生态系统结构与功能变化的理解。

8.1　植物光合生理特征对温度、光周期和氮添加的响应

8.1.1　蒙古栎光合生理特征

　　温度、光周期和氮添加单因子对蒙古栎净光合速率、气孔导度、蒸腾速率、胞间 CO_2 浓度和相对叶绿素含量均有显著影响($P<0.05$)(表 8.1)。蒙古栎光合生理特征在温度、光周期时间和氮添加三者协同作用下均有显著差异。双因素协同作用中,温度和光周期时间协同作用、温度和氮添加协同作用以及光周期时间和氮添加协同作用均显著影响净光合速率、气孔导度和蒸腾速率($P<0.005$),但对叶绿素含量影响均不显著($P>0.05$)。胞间 CO_2 浓度对温度和光周期时间协同作用敏感($P<0.005$)。

表 8.1　蒙古栎光合生理特征的三因素方差分析(F 值)

因子	P_n	G_s	T_r	C_i	SPAD
T	15.032***	24.049***	8.794**	42.101***	6.048*
L	138.846***	101.099***	85.466***	4.103*	4.198*
N	169.812***	7.481**	40.012***	60.990***	15.979***
T×L	58.067***	28.784***	41.191***	41.696***	0.274
T×N	11.105***	22.529***	54.214***	0.186	1.804
L×N	27.419***	35.016***	59.425***	1.785	2.134
T×L×N	39.235***	5.086**	10.012***	41.473***	3.736*

　　注:T 表示温度,L 表示光周期,N 表示氮素,P_n 表示净光合速率,G_s 表示蒸腾速率,T_r 表示气孔导度,C_i 表示胞间 CO_2 浓度,SPAD 表示叶片叶绿素含量相对值,* 表示 $P<0.05$,** 表示 $P<0.01$,*** 表示 $P<0.005$。

　　(1)净光合速率

　　图 8.1 给出了不同处理下蒙古栎展叶期净光合速率的变化情况。净光合速率在不同处理

下有显著差异($P<0.05$)。与对照处理(CK)相比,单因素处理中,仅增温 1.5 ℃和氮添加对净光合速率有显著影响,T2、N3 处理净光合速率分别较 T1 提高了 69.7%和 198.5%。增温和光周期协同作用对净光合速率均有显著影响,增温环境下,长光周期使净光合速率升高,短光周期使净光合速率下降,T2L1 和 T3L1 处理蒙古栎净光合速率分别提高 119.0%和 144.2%,T2L3 和 T3L3 处理净光合速率分别下降 41.1%和 53.0%。净光合速率在增温和氮添加协同作用下均显著升高,而在光周期时间和氮添加协同作用下变化不显著($P>0.05$)。增温和氮添加协同作用下,不同光周期对净光合速率的影响不同,长光周期使净光合速率升高,T2L1N3 和 T3L1N3 处理分别较 T1 提高 221.0%和 180.9%;而短光周期对净光合速率影响均不显著。

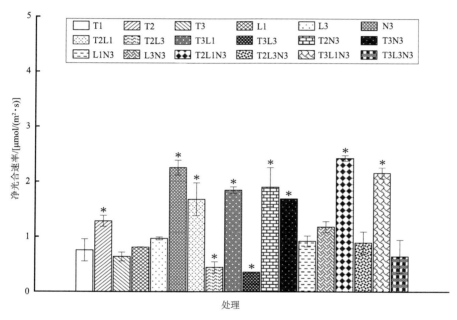

图 8.1　不同处理下蒙古栎展叶期净光合速率的变化

(＊表示与对照相比差异显著。下同)

(2)气孔导度

蒙古栎展叶期气孔导度在不同增温、光周期和氮添加及其协同作用下存在显著差异($P<0.05$)(图 8.2)。不同增温幅度和光周期对气孔导度影响不同,增温 1.5 ℃显著增加气孔导度,增温 2.0 ℃对气孔导度无显著影响($P>0.05$),其中 T2 处理较 T1 增加了 66.7%,表明适度的增温可以增加蒙古栎气孔张开程度。蒙古栎气孔导度在长光周期处理下显著增加 62.2%,而在短光周期处理下无显著变化。单因素处理中,氮添加对气孔导度的影响最大,表现为 N3 处理较 T1 增加了 186.7%。增温和长光周期协同作用均使蒙古栎气孔导度显著增大,T2L1 和 T3L1 处理较 T1 分别增加了 222.2%和 88.9%。但随着温度的升高与光周期的缩短,气孔导度逐渐减小并较 T1 显著降低,表现为 T3L3 较于 T1 显著下降 64.4%。气孔导度在增温和氮添加协同作用下均显著升高,但在光周期和氮添加协同作用下变化均不显著。增温、光周期和氮添加三者协同作用中,长光周期使气孔导度显著增大,其中 T2L1N3 和 T3L1N3 处理较 T1 分别提高 215.6%和 220.0%,缩短光周期,气孔导度较 T1 无显著变化。

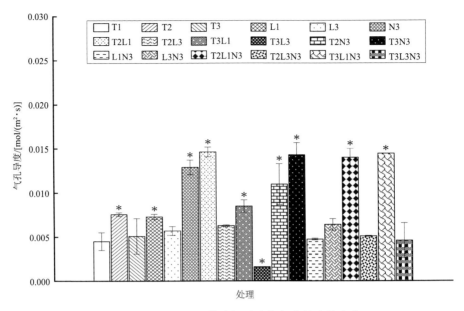

图 8.2　不同处理下蒙古栎展叶期气孔导度的变化

（3）蒸腾速率

蒙古栎展叶期蒸腾速率在不同增温、光周期和氮添加及其协同作用下存在显著差异（$P<$ 0.05）（图 8.3）。蒙古栎蒸腾速率在各处理下整体表现为升高趋势,其中增温 1.5 ℃和长光周期协同作用升高作用最大,T2L1 处理下的气孔导度约为 T1 的 6.4 倍;增温 2.0 ℃、短光周期和氮添加协同作用升高作用最小,约为 T1 的 1.4 倍。单因素处理下,蒙古栎蒸腾速率均显著升高,氮添加对其影响最大,T2、T3、L1、L3、N3 处理下的气孔导度分别为 T1 的 2.6、1.9、2.2、2.3 和 5.3 倍。各处理中,仅增温 2.0 ℃和短光周期协同作用使蒸腾速率下降,约为 T1

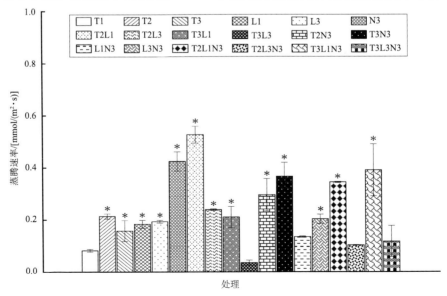

图 8.3　不同处理下蒙古栎展叶期蒸腾速率的变化

的 40%。氮添加环境下,随着温度的升高,蒸腾速率逐渐增大,表现为 T2N3 和 T3N3 处理分别是 T1 的 3.6 和 4.4 倍。光周期和氮添加协同作用均使蒸腾速率升高,但均小于增温和氮添加协同作用下的蒸腾速率。相同增温和氮添加环境下,长光周期使蒸腾速率显著升高,短光周期对蒸腾速率无显著影响($P > 0.05$)。

(4)胞间 CO_2 浓度

蒙古栎展叶期胞间 CO_2 浓度在各处理间存在显著差异($P < 0.05$)(图 8.4)。单因素处理中,不同增温和光周期对胞间 CO_2 浓度的影响存在差异。增温 1.5 ℃ 和增温 2.0 ℃ 均使胞间 CO_2 浓度显著升高,且升高程度随增温幅度的增大而增大,表现在 T2 和 T3 处理较 T1 分别增大了 38.6% 和 47.2%。长光周期(L1)处理使胞间 CO_2 浓度显著升高 67.0%,短光周期(L3)对其影响不显著($P > 0.05$)。胞间 CO_2 浓度在增温和光周期协同作用下均有显著变化,但在不同温度下响应方式不同,相同光周期下,胞间 CO_2 浓度在增温 1.5 ℃ 条件下显著升高,而在增温 2.0 ℃ 条件下显著降低,表明过度的增温和光周期协同作用将导致胞间 CO_2 浓度显著下降。增温和氮添加协同作用中,增温 1.5 ℃ 对胞间 CO_2 浓度无显著影响,增温 2.0 ℃ 显著增大胞间 CO_2 浓度。光周期和氮添加协同作用均导致胞间 CO_2 浓度显著降低,L1N3 和 L3N3 处理较 T1 分别降低 38.3% 和 31.4%。在增温、光周期和氮添加三者协同作用中,仅增温 2.0 ℃、短光周期和氮添加协同作用对胞间 CO_2 浓度有显著影响,表现为 T3L3N3 处理较 T1 显著上升 30.8%。

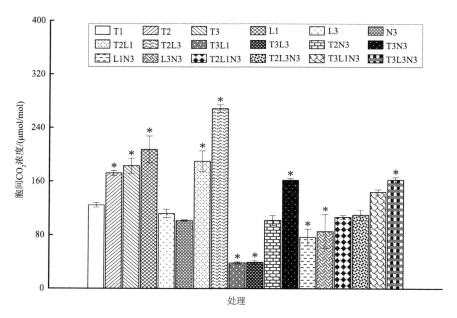

图 8.4 不同处理下蒙古栎展叶期胞间 CO_2 浓度

8.1.2 蒙古栎的相对叶绿素含量

蒙古栎展叶期相对叶绿素含量变化如图 8.5 所示,各处理叶绿素含量存在显著差异($P < 0.05$)。单因素处理中,不同增温幅度对相对叶绿素含量的影响不同,增温 1.5 ℃ 使相对叶绿素含量上升,增温 2.0 ℃ 使相对叶绿素含量降低。不同光周期对相对叶绿素含量影响也存在

差异,短光周期显著降低相对叶绿素含量,L3 处理较 T1 下降 17.3%,延长光周期则使相对叶绿素含量较 T1 由降低变为升高。氮添加 N3 处理使相对叶绿素含量较 T1 显著上升 11.1%。

增温和光周期协同作用对蒙古栎相对叶绿素含量的作用受到增温幅度的影响。增温 1.5 ℃条件下,相对叶绿素含量在长光周期或短光周期下均无显著变化($P > 0.05$);增温 2.0 ℃条件下,相对叶绿素含量在长光周期或短光周期下均显著降低,表现为 T3L1 和 T3L3 处理相对叶绿素含量较 T1 分别下降 21.2% 和 32.3%。氮添加环境下,增温 1.5 ℃和增温 2.0 ℃对相对叶绿素含量均无显著影响,但不同光周期处理均使相对叶绿素含量产生显著变化,长光周期(L1)使相对叶绿素含量较 T1 显著升高 18.9%,短光周期(L3)使相对叶绿素含量较 T1 降低 21.9%。增温、光周期时间和氮添加三者协同作用中,仅增温 1.5 ℃、长光周期和氮添加对相对叶绿素含量产生显著影响,表现为 T2L1N3 处理较 T1 上升 19.8%。综上分析表明,适宜的增温、长光周期以及氮添加有利于提高蒙古栎相对叶绿素含量,而过度的增温和短光周期则抑制蒙古栎的相对叶绿素含量。

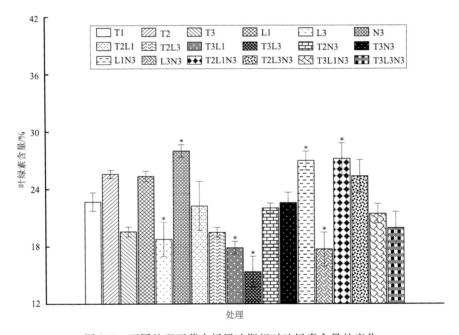

图 8.5　不同处理下蒙古栎展叶期相对叶绿素含量的变化

8.2　植物生化指标对温度、光周期和氮添加的响应

不同环境因子对过氧化物酶、脯氨酸和丙二醛的影响存在差异(表 8.2)。过氧化物酶对温度和光周期单因子无显著响应($P > 0.05$),但二者协同作用对其产生显著影响($P < 0.05$)。氮添加对过氧化物酶影响显著,此外,氮添加与温度和光周期的协同作用对过氧化物酶也具有显著影响。脯氨酸仅对光周期和氮添加有显著响应,表现为光周期和氮添加以及二者协同作用均对脯氨酸产生显著影响。对于丙二醛,温度、光周期和氮添加均对其有显著影响,协同作用中,仅温度和光周期协同作用对丙二醛影响显著。

表 8.2　蒙古栎生化指标的三因素方差分析（F 值）

因子	POD	Pro	MDA
T	3.112	2.691	5.586**
L	0.003	14.253***	8.919**
N	5.473**	10.022**	3.323*
T×L	4.353**	1.471	18.787***
T×N	3.319*	3.272	0.259
L×N	3.322*	13.856***	1.274
T×L×N	4.160**	0.628	0.419

注：T 表示温度，L 表示光周期，N 表示氮素，POD 表示过氧化物酶，Pro 表示脯氨酸，MDA 表示丙二醛；* 表示 $P<0.05$，** 表示 $P<0.01$，*** 表示 $P<0.005$。

8.2.1　过氧化物酶活性

图 8.6 为不同增温、光周期和氮添加及其协同作用下蒙古栎展叶期的过氧化物酶活性。过氧化物酶活性在各处理中均有显著变化（$P<0.05$）。单因素处理中，不同程度的增温和光周期对过氧化物酶的影响不同。增温 1.5 ℃使过氧化物酶活性显著增大，T2 处理较 T1 增加了 7.7%，增温 2.0 ℃对过氧化物酶影响不显著（$P>0.05$）。长光周期显著增大过氧化物酶活性，L1 处理较 T1 增加了 10.9%，短光周期使过氧化物酶活性降低，L3 处理较 T1 降低 3.3%，但影响不显著。各处理中，氮添加对过氧化物酶影响最大，表现为 N3 处理使过氧化物酶活性较 T1 增大 19.9%。

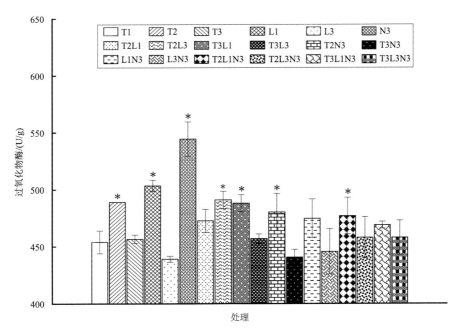

图 8.6　不同处理下蒙古栎展叶期过氧化物酶活性的变化

（1 个国际单位（U）指在特定条件下，1 min 内转化 1 μmol 底物或者底物中 1 μmol 有关基团所需的酶量）

增温和光周期协同作用均使过氧化物酶活性有不同程度的增大,其中,增温 1.5 ℃和短光周期协同作用、增温 2.0 ℃和长光周期协同作用影响显著,T2L3 和 T3L1 处理过氧化物酶活性较 T1 分别增大 8.1%和 7.5%。氮添加环境下,过氧化物酶活性对不同程度的增温和光周期响应不同。较低程度的增温使过氧化物酶活性增大,较高程度的增温使其下降,表现在 T2N3 处理较 T1 增大 5.8%,T3N3 处理较 T1 降低 2.9%。L1N3 处理过氧化物酶活性较 T1 上升 4.6%,L3N3 处理较 T1 降低 1.8%,表明长光周期对蒙古栎过氧化物酶活性具有显著促进作用,短光周期对其具有抑制作用。增温、光周期和氮添加协同作用使过氧化物酶活性均增大,T2L1N3、T2L3N3、T3L1N3、T3L3N3 处理较 T1 分别增大 5.1%、0.9%、3.3%和 0.9%,但仅增温 1.5 ℃、长光周期和氮添加协同作用影响显著。

8.2.2 脯氨酸含量

图 8.7 为不同增温、光周期和氮添加及其协同作用下蒙古栎展叶期的脯氨酸含量。蒙古栎脯氨酸含量在各处理中均有显著变化($P<0.05$)。不同增温对脯氨酸含量影响不同,增温 1.5 ℃使脯氨酸含量下降,增温 2.0 ℃使脯氨酸含量升高。光周期对脯氨酸含量均具有显著影响。长光周期(L1)处理脯氨酸含量较对照处理降低 13.3%,短光周期使脯氨酸含量显著升高,L3 处理较 T1 上升 62.8%。氮添加在单独作用时未使蒙古栎脯氨酸含量产生显著变化($P>0.05$)。

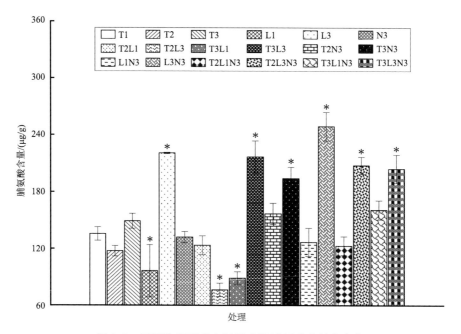

图 8.7　不同处理下蒙古栎展叶期脯氨酸含量的变化

蒙古栎脯氨酸含量对增温和光周期协同作用响应不同。增温 1.5 ℃环境下,短光周期使脯氨酸含量显著下降,T2L3 处理较 T1 降低 43.6%;增温 2.0 ℃环境下,缩短光周期使脯氨酸含量显著升高,T3L3 处理较 T1 上升 59.8%。这表明,不同温升条件下,光周期对蒙古栎脯氨酸含量的影响不同。氮添加环境下,增温均使脯氨酸含量升高,且升高范围随增温幅度的增大而增大,T2N3 和 T3N3 处理脯氨酸含量较 T1 分别上升 15.6%和 43.1%。光周期和氮添加协同作用中,仅短光周期对脯氨酸含量有显著影响,表现为 L3N3 处理较 T1 上升 83.5%。增温、光周期和氮添加三者协同作用中,蒙古栎脯氨酸含量仅在短光周期作用下有显著变化,增温 1.5 ℃、短光周期和氮添加协同作用使脯氨酸含量较 T1 显著上升 53.2%,增温 2.0 ℃、短光周期和氮添加协同作用使脯氨酸含量较 T1 显著上升 50.5%。综上所述,短光周期在影响蒙古栎脯氨酸含量上具有主导作用,具体表现为促使脯氨酸含量显著升高。

8.2.3 丙二醛含量

蒙古栎展叶期丙二醛含量在不同增温、光周期和氮素及其协同作用下有显著差异($P<0.05$)(图 8.8)。丙二醛含量对不同程度的增温响应不同,表现为在增温 1.5 ℃条件下丙二醛含量下降,在增温 2.0 ℃条件下丙二醛含量升高,T3 处理较 T1 显著上升 28.5%。长光周期对丙二醛含量无显著影响($P>0.05$),但缩短光周期使丙二醛含量显著升高,表现为 L3 处理较 T1 上升 67.3%。在各处理中,丙二醛含量在短光周期处理的升高程度最大,在氮添加处理的下降程度最大,N3 处理丙二醛含量较 T1 显著降低 49.9%。

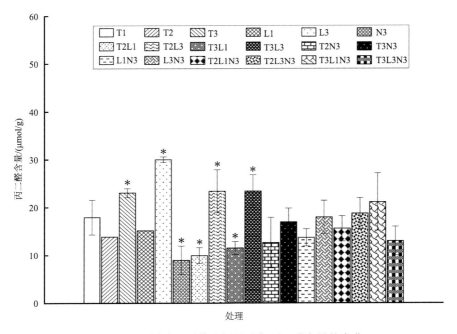

图 8.8　不同处理下蒙古栎展叶期丙二醛含量的变化

与对照处理相比,蒙古栎丙二醛含量在增温和氮添加协同作用、光周期和氮添加协同作用以及增温、光周期和氮添加三者协同作用下均无显著变化。增温和光周期对蒙古栎丙二醛含量均有显著影响。增温环境下,改变光周期,丙二醛含量的响应方式发生改变,光周期的延长使丙二醛含量较对照显著下降,光周期的缩短使丙二醛含量较对照显著升高。增温 1.5 ℃环境下,长光周期使丙二醛含量降低 13.2%,短光周期使丙二醛含量上升 44.4%;增温 2.0 ℃环境下,长光周期使丙二醛含量降低 18.0%,短光周期使丙二醛含量上升 27.5%。这表明,蒙古栎展叶期丙二醛含量主要受到光周期的影响,较长的光周期对丙二醛含量具有显著抑制作用,较短的光周期对丙二醛含量具有显著促进作用。

综上所述,不同温度、光周期和氮添加处理下蒙古栎植物的净光合速率、气孔导度和蒸腾速率变化趋势一致,具有显著相关。增温和长光周期协同作用、增温和氮添加协同作用以及增温、长光周期和氮添加协同作用均使净光合速率、气孔导度和蒸腾速率显著升高。胞间 CO_2 浓度对温度和光周期的响应受到增温幅度的调控,在相同光周期条件下,增温 1.5 ℃ 使胞间 CO_2 浓度显著升高,增温 2.0 ℃ 使其显著下降,而对光周期和氮添加协同作用的响应均表现为显著下降。叶绿素含量对温度、光周期和氮添加的响应体现在过度的增温和短光周期对蒙古栎叶绿素含量具有抑制作用,氮添加对其具有促进作用。

　　蒙古栎的过氧化物酶、脯氨酸和丙二醛对温度、光周期和氮添加的响应不同。过氧化物酶受多因子协同作用影响均显著,单因子中,仅氮添加对其有显著影响。脯氨酸对光周期和氮添加有显著响应,光周期和氮添加对脯氨酸既具有单独作用,也具有协同作用。温度、光周期和氮添加单因子对丙二醛均有显著影响;协同作用中,仅温度和光周期协同作用对其有显著影响。不同环境下,过氧化物酶和脯氨酸发挥作用的程度不同。增温或长光周期环境下,蒙古栎通过促进过氧化物酶活性来增强对环境的抵抗能力;在短光周期及其与氮添加协同作用下,蒙古栎通过提高脯氨酸含量来缓解环境胁迫。丙二醛对增温和光周期响应显著,表现为较高程度的增温和短光周期显著升高丙二醛含量,表明蒙古栎在高温和短光周期环境下损伤程度较重。增温和光周期协同作用中,丙二醛含量受到光周期的调控,长光周期促使其显著升高,短光周期使其显著下降。

第 9 章　克氏针茅物候对气象条件的响应

克氏针茅(*Stipa krylovii*)草原是亚洲中部草原区所特有的草原群系,是典型草原的代表类型之一。克氏针茅草原是内蒙古草原重要的草地资源,在畜牧业生产中占有重要的地位,而且内蒙古气候干旱、生态系统脆弱,对气候变化响应十分敏感,从而使得内蒙古克氏针茅草原成为全球变化研究的典型区域之一。研究区域位于内蒙古典型草原中部的典型温带半干旱大陆性气候区。该区 1981—2018 年年平均温度为 3.2 ℃,年降水量为 278.5 mm,年累计日照时数为 2960.7 h。冬季寒冷干燥,夏季温暖湿润,太阳辐射较强。试验样地地势平坦开阔,土壤类型以淡栗钙土为主,腐殖质层较薄。优势物种为克氏针茅和羊草(*Leymus chinensis*),重要伴生种包括细叶葱(*Allium tenuissimum*)、糙隐子草(*Cleistogenes squarrosa*)、冷蒿(*Artemisia frigida*)、矮葱(*Allium amsopodium*)、木地肤(*Kochia prostrata*)、黄蒿(*Artemisia scoparia*)、阿尔泰狗娃花(*Heteropappus altaicus*)等。气象数据来自中国气象局内蒙古锡林浩特国家气候观象台(44°08′03″N,116°19′43″E、海拔 990 m),位于内蒙古典型草原中部。

政府间气候变化专门委员会(IPCC)第 6 次评估报告(AR6)指出,人类活动使大气、海洋和陆地变暖(IPCC,2021)。自工业革命以来,全球平均表面温度每 100 a 约升高 0.86 ℃,全球陆地表面温度每 100 a 升高约 1 ℃(严中伟 等,2020)。全球变暖将至少持续到 21 世纪中叶,且升温幅度预计超过 1.5 ℃(IPCC,2021)。然而,全球变暖背景下,由于降水事件的空间差异和季节差异,全球降水变化的相关结论仍存在很大的不确定性(翟盘茂 等,2017)。气候变化背景下内蒙古地区的气温呈上升趋势,但降水年际变率较大,变化趋势不显著(李虹雨,2017),极端降水事件呈减少趋势(马爱华 等,2020)。为弄清内蒙古地区的气候变化特征,本章进一步从年、生长季和月 3 个尺度分析 1985—2018 年克氏针茅草原的气候特征。

9.1　克氏针茅草原气候特征

9.1.1　年尺度气候特征

研究资料来自中国气象局内蒙古锡林浩特国家气候观象台。气象数据包括 1985 年以来的逐日最低气温(℃)、最高气温(℃)、平均气温(℃)、平均地表温度(℃)、降水量(mm)、日照时数(h)、平均气压(hPa)、10 m 风速(m/s)和平均相对湿度(%)等。

(1)平均气温

1985—2018 年克氏针茅草原年均气温呈现显著的波动上升趋势(图 9.1),平均每 10 a 升高约 0.4 ℃($P<0.05$)。年平均气温最高值出现在 2014 年,为 4.8 ℃,年均气温的最低值出现在 1986 年,为 1.3 ℃。平均年均气温为 3.4 ℃,波动幅度为 3.3 ℃,变异系数为 26.7%。M-K 突变检验表明,克氏针茅草原年均气温升高是一突变现象,从 1987 年开始。1994 年及

2012年平均气温突然降低,但没有改变年均气温升高的趋势。

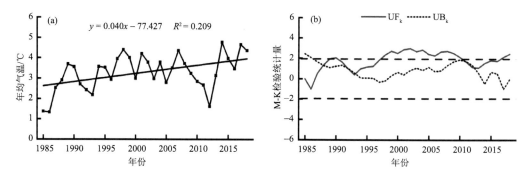

图9.1　年均气温变化趋势(a)及 M-K 统计量曲线(b)

(2)最高气温

1985—2018年克氏针茅草原年均最高气温为8.1~12.2 ℃(图9.2),波动幅度为4.1 ℃。平均年均最高气温约为10.3 ℃,变异系数为9.8%。年均最高气温的气候倾向率约为0.5 ℃/(10 a)($P<0.05$),也呈现显著的升高趋势,且升高速度大于年均气温。M-K 突变检验表明,年均最高气温上升也是一突变现象,约从1994年开始。2012年年均最高气温也突然降低,但没有形成突变。

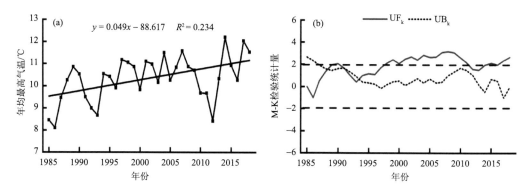

图9.2　年均最高气温变化趋势(a)及 M-K 统计量曲线(b)

(3)最低气温

1985—2018年克氏针茅草原年均最低气温呈现波动变化(图9.3)。年均最低气温为−4.7~−1.3 ℃,平均为−3.0 ℃,波动幅度为3.4 ℃,变异系数为28.8%,年际间差异较大。年均最低气温的变化趋势并不显著[0.2 ℃/(10 a),$P>0.05$]。突变检验结果表明,在2005年及2015年克氏针茅草原年均最低气温发生了突变。

(4)地表温度

1985—2018年克氏针茅草原年均地表温度呈现显著上升趋势(图9.4),气候倾向率为0.82 ℃/(10 a)($P<0.05$),增温速率高于平均气温。1985—2018年平均年均地表温度为6.5 ℃,最高年均地表温度为8.2 ℃,最低为4.0 ℃,变化幅度为4.2 ℃,变异系数为16.3%。M-K 检验结果表明,1985—2018年地表温度变化趋势保持不变,无突变点。

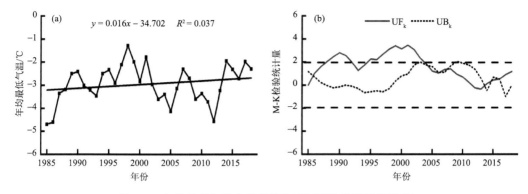

图 9.3　年均最低气温变化趋势(a)及 M-K 统计量曲线(b)

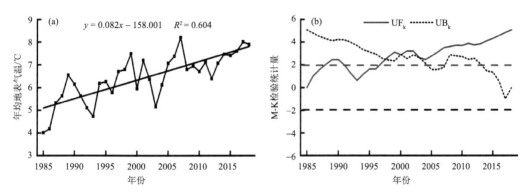

图 9.4　年均地表温度变化趋势(a)及 M-K 统计量曲线(b)

(5)降水量

1985—2018 年克氏针茅草原年降水量年际变率大(变异系数 32.5%)(图 9.5),年降水量最高值为 511.7 mm,出现在 2012 年;最低值为 121.1 mm,出现在 2005 年。平均年降水量为272.4 mm,波动幅度为 390.6 mm。气候倾向率为一8.2 mm/(10 a),年降水量呈现减少趋势,但不显著($P>0.05$)。M-K 检验表明,1985—2018 年克氏针茅草原年降水量存在 2 个突变点,分别在 1999 年和 2012 年。

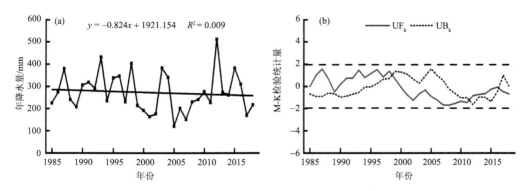

图 9.5　年降水量变化趋势(a)及 M-K 统计量曲线(b)

（6）日照时数

1985—2018 年,克氏针茅草原年日照时数呈现波动下降趋势,平均每 10 a 减少 32.1 h,但不显著($P>0.05$)(图 9.6)。年日照时数最高值出现在 2018 年,为 3215.8 h,年日照时数的最低值出现在 2016 年,为 2720.8 h;平均年日照时数为 2991.9 h,波动幅度为 495.0 h,变异系数为 3.6%。M-K 突变检验结果表明,在 2002 年克氏针茅草原年日照时数出现突然降低。

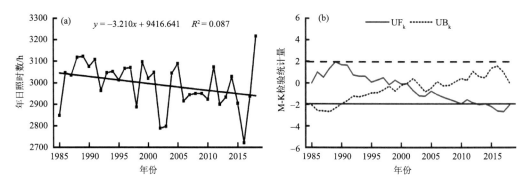

图 9.6　年日照时数变化趋势(a)及 M-K 统计量曲线(b)

（7）相对湿度

1985—2018 年年均相对湿度呈现显著的波动下降趋势,平均每 10 a 降低 1.7 个百分点($P<0.05$)(图 9.7)。年均相对湿度为 48.8%～62.6%,平均为 55.4%,波动幅度为 13.8 个百分点,变异系数为 5.9%。M-K 突变检验表明,克氏针茅草原年均相对湿度降低是一突变现象,突变点为 2001 年。

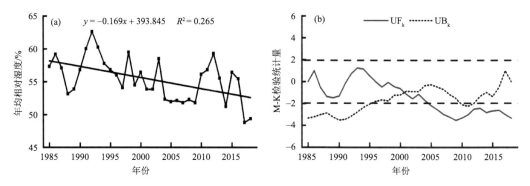

图 9.7　年均相对湿度变化趋势(a)及 M-K 统计量曲线(b)

（8）平均风速

1985—2018 年年均风速年际变异小(变异系数 5.4%),且在 3.3 m/s 上下波动,气候倾向率近似为 0。最高年均风速为 3.7 m/s,出现在 2010 年;最低年均风速为 3.0 m/s,出现在 2015 年,波动幅度为 0.7 m/s。M-K 突变检验表明,克氏针茅草原年均风速在 2000 年出现突变。1985—2000 年年均风速存在下降趋势,2000 年后,年均风速存在上升趋势(图 9.8)。

（9）平均气压

1985—2018 年克氏针茅草原年均气压为 899.3～902.7 hPa(图 9.9),波动幅度为 3.4 hPa。年均气压的气候倾向率约为 -0.7 hPa/(10 a)($P<0.05$),呈现显著的降低趋势。平均年均气

压约为 901.0 hPa,变异系数为 0.1%。M-K 突变检验表明,进入 21 世纪以来克氏针茅草原年均气压降低是一突变现象,从 2000 年开始。

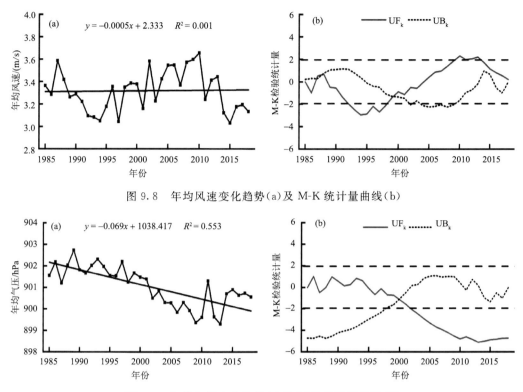

图 9.8　年均风速变化趋势(a)及 M-K 统计量曲线(b)

图 9.9　年均气压变化趋势(a)及 M-K 统计量曲线(b)

9.1.2　生长季气候特征

(1)平均气温

克氏针茅的生长季为 4—10 月。1985—2018 年克氏针茅草原生长季平均气温呈现显著的波动上升趋势(图 9.10),平均每 10 a 升高约 0.5 ℃ ($P<0.05$),升温速度略高于年均气温。生长季平均气温最高值出现在 2001 年,为 15.8 ℃,生长季平均气温最低值出现在 1986 年,为 12.6 ℃。平均为 14.1 ℃,波动幅度为 3.2 ℃,变异系数为 5.4%。M-K 突变检验表明,克氏针茅草原生长季平均气温升高是一突变现象,从 1997 年开始。

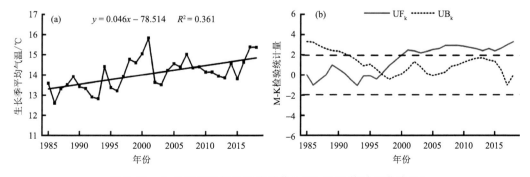

图 9.10　生长季平均气温变化趋势(a)及 M-K 统计量曲线(b)

（2）最高气温

1985—2018 年克氏针茅草原生长季平均最高气温为 19.6～22.9 ℃（图 9.11），波动幅度为 3.3 ℃。平均生长季年均最高气温约为 21.2 ℃，变异系数为 3.9%。生长季平均最高气温的气候倾向率约为 0.5 ℃/（10 a）（P<0.05），也呈现显著的上升趋势，同样略快于生长季平均气温。M-K 突变检验表明，生长季平均最高气温上升也是一突变现象，约从 1998 年开始。

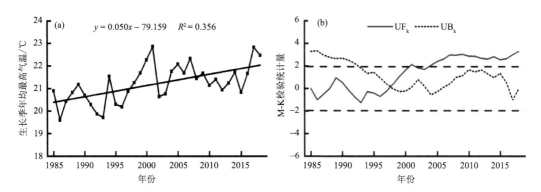

图 9.11　生长季平均最高气温变化趋势（a）及 M-K 统计量曲线（b）

（3）最低气温

1985—2018 年克氏针茅草原生长季平均最低气温呈现波动变化（图 9.12）。生长季平均最低气温为 6.2～9.2 ℃，平均为 7.4 ℃，波动幅度为 3.0 ℃，变异系数为 9.1%。与年均最低气温不同，生长季平均最低气温呈显著上升趋势（0.3 ℃/（10 a），P<0.05）。M-K 突变检验结果表明，克氏针茅草原生长季平均最低气温的突变发生在 1995 年和 2005 年。

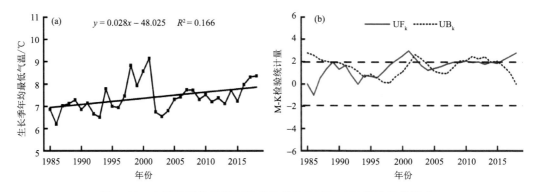

图 9.12　生长季平均最低气温变化趋势（a）及 M-K 统计量曲线（b）

（4）地表温度

1985—2018 年克氏针茅草原生长季平均地表温度呈现显著上升趋势，气候倾向率为 0.52 ℃/（10 a）（P<0.05），增温速率也高于生长季平均气温（图 9.13）。1985—2018 年平均年均地表温度为 18.3 ℃，最高年均地表温度为 20.6 ℃，最低为 16.4 ℃，变化幅度为 4.2 ℃，变异系数为 5.6%。M-K 检验结果表明，与年均地表温度不同，1985—2018 年生长季平均地表温度的升高是一突变现象，开始于 1996 年。

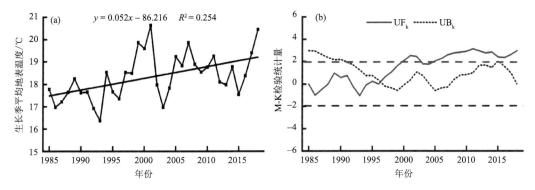

图 9.13　生长季平均地表温度变化趋势(a)及 M-K 统计量曲线(b)

（5）降水量

如图 9.14 所示,与年降水量相同,1985—2018 年克氏针茅草原生长季降水量的年际间变率也较大(变异系数 33.5%)。生长季降水量的最高值为 459.9 mm,出现在 2012 年;最低值为 111.1 mm,出现在 2005 年。平均生长季降水量为 251.7 mm,波动幅度为 348.8 mm。气候倾向率为 -8.8 mm/(10 a),生长季降水量同样也呈现下降趋势,但不显著($P>0.05$)。M-K 检验表明,1985—2018 年克氏针茅草原生长季降水量也存在 2 个突变点,分别位于 1999 年和 2012 年。

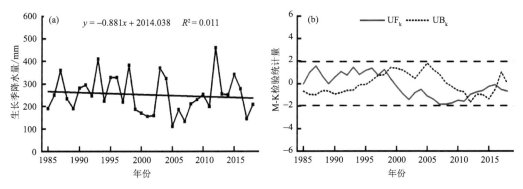

图 9.14　生长季降水量变化趋势(a)及 M-K 统计量曲线(b)

（6）日照时数

1985—2018 年克氏针茅草原生长季日照时数也呈现波动下降趋势,平均每 10 a 减少 25.5 h,但不显著($P>0.05$)。生长季日照时数最高值出现在 2018 年,为 2064.4 h,生长季日照时数的最低值出现在 2016 年,为 1704.5 h。平均生长季日照时数为 1923.3 h,波动幅度为 359.9 h,变异系数为 4.4%。M-K 突变检验结果表明,克氏针茅草原生长季日照时数在 1998 年发生了突变(图 9.15)。

（7）相对湿度

1985—2018 年克氏针茅草原生长季平均相对湿度呈现显著的波动下降趋势,平均每 10 a 降低 1.2 个百分点($P<0.05$)(图 9.16)。生长季平均相对湿度为 42.4%～56.2%,平均为 49.5%,波动幅度为 13.8 个百分点,变异系数为 6.8%。M-K 突变检验表明,克氏针茅草原生长季平均相对湿度减少是一突变现象,突变点为 1999 年。

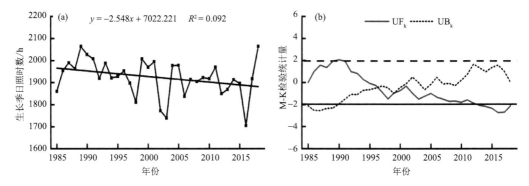

图 9.15　生长季日照时数变化趋势(a)及 M-K 统计量曲线(b)

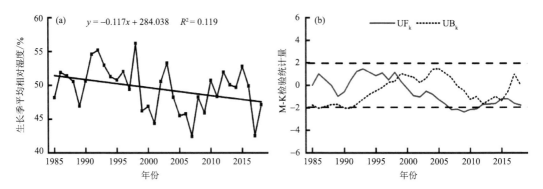

图 9.16　生长季平均相对湿度变化趋势(a)及 M-K 统计量曲线(b)

（8）平均风速

1985—2018 年克氏针茅草原生长季平均风速为 3.1～3.8 m/s，平均为 3.4 m/s，波动幅度为 0.7 m/s，变异系数为 5.8%（图 9.17）。生长季平均风速呈现波动上升趋势，但不显著（$P>0.05$），平均每 10 a 升高 0.05 m/s。M-K 突变检验表明，克氏针茅草原生长季平均风速的突变点出现在 1998 年。

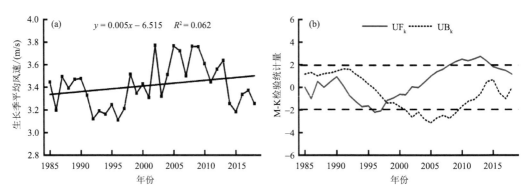

图 9.17　生长季平均风速变化趋势(a)及 M-K 统计量曲线(b)

（9）平均气压

1985—2018 年克氏针茅草原生长季平均气压为 896.6～899.6 hPa（图 9.18），波动幅度为 3.0 hPa。生长季平均气压的气候倾向率约为 −0.6 hPa/(10 a)($P<0.05$),呈现显著的降低趋势。平均约为 898.3 hPa,变异系数为 0.1%。M-K 突变检验表明,进入 21 世纪以来克氏针茅草原生长季平均气压降低是一突变现象,从 2002 年开始。

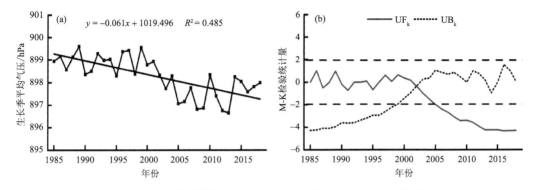

图 9.18　生长季平均气压变化趋势(a)及 M-K 统计量曲线(b)

9.1.3　月尺度气候特征

(1)平均气温

一年中克氏针茅草原月平均气温呈现单峰型变化趋势,7 月平均气温最高,为 21.9 ℃,1 月平均气温最低,为 −18.7 ℃(图 9.19)。12 月至翌年 1 月的平均气温呈下降趋势,但不显著($P>0.05$);2—11 月平均气温呈升高趋势,其中 3 月、7 月、8 月和 9 月平均气温的变化趋势达到显著性水平($P<0.05$),气候倾向率分别为 1.17 ℃/(10 a)、0.89 ℃/(10 a)、0.53 ℃/(10 a)和 0.55 ℃/(10 a)。

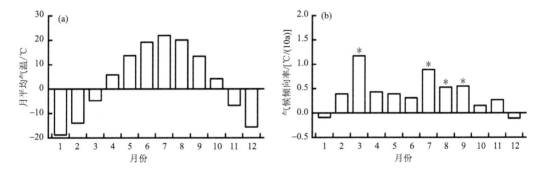

图 9.19　月平均气温(a)及其气候倾向率(b)(* 表示气候倾向率通过 0.05 水平显著性检验)

(2)最高气温

与月平均气温一致,一年中克氏针茅草原月平均最高气温也存在一个最高峰和一个最低谷(图 9.20),且最高峰和最低谷同样位于 7 月和 1 月,分别为 28.2 ℃和 −12.0 ℃。1—12 月平均最高气温均呈升高趋势,其中 3 月、7 月、8 月和 9 月平均最高气温的变化趋势也达到显著性水平($P<0.05$),气候倾向率分别为 1.41 ℃/(10 a)、1.06 ℃/(10 a)、0.69 ℃/(10 a)和 0.63 ℃/(10 a),高于月平均气温的升温速度。

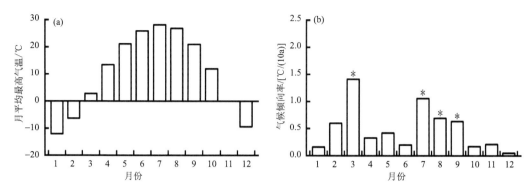

图 9.20　月平均最高气温(a)及其气候倾向率(b)(＊表示气候倾向率通过 0.05 水平显著性检验)

（3）最低气温

一年中克氏针茅草原月平均最低气温的最高峰同样位于 7 月,为 16.0 ℃(图 9.21);最低谷同样位于 1 月,为－23.9 ℃。1 月、2 月、10 月和 12 月的平均最低气温呈降低趋势,3—9 月及 11 月的平均最低气温呈升高趋势,但其中只有 7 月达到显著性水平[0.53 ℃/(10 a),$P<$ 0.05]。

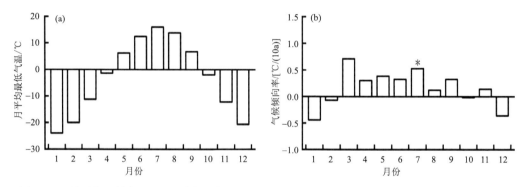

图 9.21　月平均最低气温(a)及其气候倾向率(b)(＊表示气候倾向率通过 0.05 水平显著性检验)

（4）地表温度

一年中克氏针茅草原月平均地表温度也呈单峰型变化趋势(图 9.22),最高峰和最低谷同样分别位于 7 月和 1 月,分别为 26.9 ℃ 和－17.3 ℃。1—12 月平均地表温度均呈现升高趋势,7—9 月及 11 月至翌年 3 月均达到显著性水平($P<0.05$),月平均地表温度变化的速率冬季(11 月:1.07 ℃/(10 a);12 月:1.4 ℃/(10 a);1 月:1.75 ℃/(10 a))大于夏季(7 月:1.3 ℃/(10 a);8 月:0.81 ℃/(10 a))。

（5）降水量

克氏针茅草原地区的降水主要集中在夏季(图 9.23),6 月、7 月和 8 月的月降水量分别为 51.7 mm、77.6 mm 和 53.0 mm,分别占年降水量的 19.0％、28.5％和 19.5％。克氏针茅草原地区降水量的减少也主要集中在夏季,7 月和 8 月降水量的气候倾向率分别为－9.73 mm/(10 a)($P>0.05$)和－10.76 mm/(10 a)($P>0.05$)。6 月和 10 月降水量则呈现不显著的增多趋势($P>0.05$),气候倾向率分别为 6.46 mm/(10 a)和 3.79 mm/(10 a)。

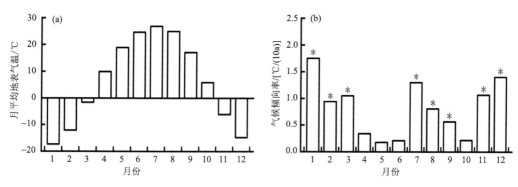

图 9.22 月平均地表温度(a)及其气候倾向率(b)(* 表示气候倾向率通过 0.05 水平显著性检验)

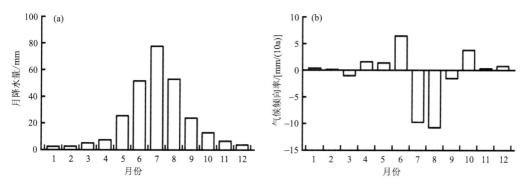

图 9.23 月降水量(a)及其气候倾向率(b)(* 表示气候倾向率通过 0.05 水平显著性检验)

(6)日照时数

一年中月日照时数呈现双峰型变化分布(图 9.24),2 个高峰分别位于 5 月和 8 月,分别为 295.4 h 和 289.6 h;最低谷位于 12 月(186.1 h);次低谷位于 7 月,为 284.8 h。除 1 月、2 月、7 月和 8 月外,锡林浩特地区月平均日照时数均呈减少趋势,其中 5 月和 6 月的变化趋势达到显著性水平($P<0.05$),平均每 10 a 分别减少 -9.06 h 和 -10.76 h。

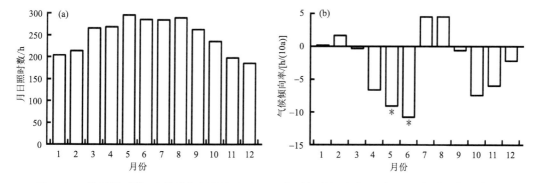

图 9.24 月日照时数(a)及其气候倾向率(b)(* 表示气候倾向率通过 0.05 水平显著性检验)

(7)相对湿度

一年中克氏针茅草原地区相对湿度呈双峰型分布,最高峰位于冬季(1 月:70.6%),次高峰位于夏季(7 月:58.5%);最低谷位于春季(4 月:38.2%),次低谷位于秋季(9 月:52.0%)

(图 9.25)。夏季(7月和8月)和冬季(12月、1月、2月和3月)月平均相对湿度均呈现显著降低趋势($P<0.05$),气候倾向率分别为$-3.23\%/(10\ a)$、$-3.72\%/(10\ a)$、$-3.05\%/(10\ a)$、$-2.59\%/(10\ a)$、$-3.06\%/(10\ a)$和$-3.76\%/(10\ a)$。

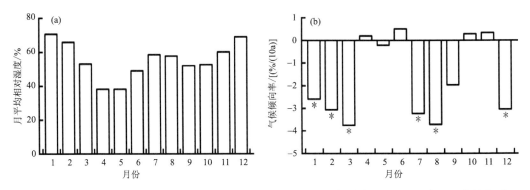

图 9.25　月平均相对湿度(a)及其气候倾向率(b)(＊表示气候倾向率通过0.05水平显著性检验)

(8)平均风速

一年中4月和5月的月平均风速最大,分别为4.14 m/s和4.13 m/s。1月、3月、4月、6月、11月和12月的平均风速呈现降低趋势,而2月、5月及7—10月平均风速则呈现升高趋势,且5月、7月和8月的变化趋势达到显著水平($P<0.05$),平均每10 a分别增大0.19 m/s、0.14 m/s和0.12 m/s(图 9.26)。

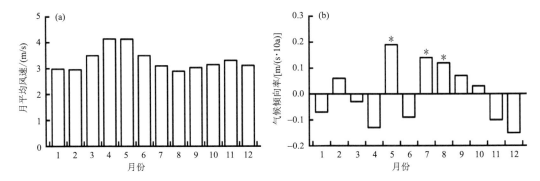

图 9.26　月平均风速(a)及其气候倾向率(b)(＊表示气候倾向率通过0.05水平显著性检验)

(9)平均气压

一年中克氏针茅草原月平均气压呈现单峰型分布(图 9.27),最高峰和最低谷分别位于12月和7月,分别为906.4 hPa和894.1 hPa。1—12月平均气压均呈现降低趋势,其中2月、3月、5月及9—11月的变化趋势达到显著性水平($P<0.05$),气候倾向率分别为-1.03 hPa/(10 a)、-0.92 hPa/(10 a)、-1.13 hPa/(10 a)、-0.68 hPa/(10 a)、-0.72 hPa/(10 a)和-1.07 hPa/(10 a)。

综上所述,1985—2018 年克氏针茅草原呈显著升温趋势,特别是最高气温升高显著,最低气温无显著升高;相对湿度和平均气压呈现显著降低趋势;降水量、日照时数及平均风速的变化趋势不显著。克氏针茅生长季的气候变化趋势与全年变化趋势一致。月尺度气候变化分析表明,气温、降水和风速的变化主要集中在夏季,日照时数的减少主要集中在春末夏初,地温和相对湿度在夏季和冬季均变化显著,气压则主要在春季和秋季显著降低。

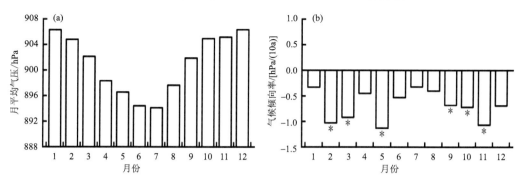

图 9.27　月平均气压(a)及其气候倾向率(b)(* 表示气候倾向率通过 0.05 水平显著性检验)

9.2　克氏针茅物候对气象条件的响应

气候变暖背景下,草原植物物候已经发生显著变化。青藏高原地区草原植物的返青期平均每 10 a 约提前 7.4 d,抽穗期平均每 10 a 约提前 6.2 d,开花期平均每 10 a 约提前 6.4 d;而枯黄期则呈现推迟趋势,平均每 10 a 推迟 2.1 d(赵雪雁 等,2016)。青海高原南部半湿润区的牧草物候呈现返青期提前,枯黄期推迟的趋势;青藏高原南部干旱半干旱区牧草的返青期、枯黄期均提前;青海湖环湖地区牧草的返青期和枯黄期则均推迟(张钛仁 等,2007)。内蒙古草甸草原区草原植物的返青期和枯黄期均显著提前,生育期长度呈延长趋势(张玉静 等,2019);典型草原区大针茅和羊草的返青期推迟,枯黄期提前,生育期长度显著缩短(肖芳 等,2020);荒漠草原的春季物候呈现显著提前趋势,秋季物候呈现不显著提前趋势,生育期长度则呈显著延长趋势(董晓宇 等,2020)。为阐明气候变暖背景下内蒙古克氏针茅物候的变化规律,本节将进一步分析 1985—2018 年克氏针茅各物候期变化特征及其与气象因子的关系。

9.2.1　克氏针茅草原物候特征

物候观测资料来源于中国气象局内蒙古锡林浩特国家气候观象台的天然牧草观测场,包括 1985—2018 年克氏针茅植物的返青期(SOS)、抽穗期(HOS)、开花期(FOS)和枯黄期(EOS)。物候观测场围栏面积为 100 m×100 m,将其划分为 50 m×50 m 的 4 个小区,每个小区再划分为 25 m×25 m 的 4 个重复区进行观测。物候期每 2 d 进行一次观测,选择长势较好且连续 3 a 具有完整生活史的 10 个植株进行观测。物候资料由当地专业观测员按照《中国物候观测方法》记录。

(1)返青期特征

根据 1985—2018 年中国气象局内蒙古锡林浩特国家气候观象台的物候观测资料,克氏针茅植物返青期的变化趋势如图 9.28 所示,其中 1990 年返青期物候数据缺测。1985—2018 年内蒙古锡林浩特地区克氏针茅植物主要集中在 4 月中下旬返青,平均返青日期为第 110.6 d。最早返青年份为 1993 年,于 4 月 2 日返青,返青日期为第 92 d;最晚返青年份为 2009 年,于 5 月 7 日返青,返青日期为第 127 d。返青日序的变幅为 35 d,变异系数为 7.8%。1985—2018 年克氏针茅植物的返青期呈显著推迟趋势,平均每 10 a 约推迟 5.4 d($P<0.05$)。

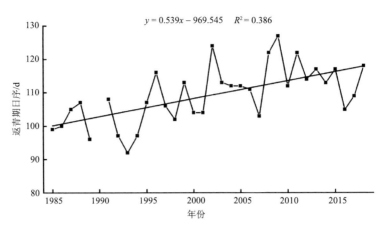

图 9.28　克氏针茅返青期的变化趋势

（2）抽穗期特征

1985—2018 年克氏针茅植物抽穗期的变化趋势如图 9.29，其中 1990 年、1997 年、2000 年、2001 年、2005 年和 2009 年抽穗期物候缺测。克氏针茅抽穗期日序年际间差异较大，7 月上旬至 9 月中旬均有发生，到达抽穗期的平均日期为第 208.0 d。最早抽穗日期为第 184 d （2003 年 7 月 3 日），最晚抽穗日期为第 259 d（1985 年 9 月 16 日）。最早与最晚抽穗日期相差超过 2 个月（75 d），变异系数为 7.5%。1985—2018 年克氏针茅植物抽穗期呈现提前趋势，但不显著，平均每 10 a 提前 5.4 d（$P>0.05$）。

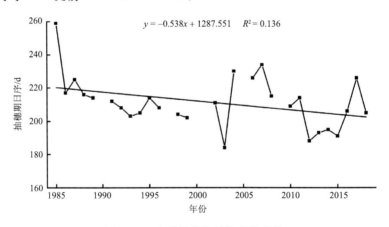

图 9.29　克氏针茅抽穗期变化趋势

（3）枯黄期特征

1985—2018 年克氏针茅植物枯黄期的变化如图 9.30 所示，其中 1990 年和 2004 年枯黄期物候缺测。9 月后克氏针茅植物开始逐渐进入枯黄期，主要集中在 9 月下旬和 10 月上旬，平均枯黄日期为第 275.7 d。1985—2018 年克氏针茅植物最早枯黄日期为 2000 年 9 月 7 日，于第 250 d 发生枯黄；最晚枯黄日期为 2000 年 10 月 22 日，于第 296 d 发生枯黄。枯黄日的变幅为 46 d，变异系数为 4.2%。1985—2018 年克氏针茅植物黄枯期也呈现不显著的提前趋势，平均每 10 a 提前 1.2 d（$P>0.05$）。

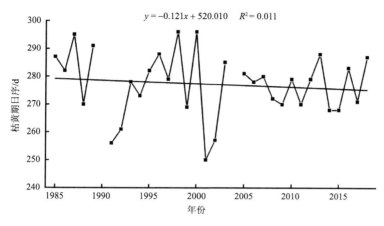

图 9.30　克氏针茅枯黄期的变化趋势

（4）生育期长度特征

克氏针茅植物生育期长度呈现显著的缩短趋势（图 9.31），平均每 10 a 缩短 6.3 d（$P<$ 0.05）。1985—2018 年克氏针茅生育期长度平均为 166.1 d。克氏针茅生育期长度最长为 196 d，出现在 1989 年；生育期长度最短为 134 d，出现在 2002 年。生育期长度的变幅为 62 d，变异系数为 9.6%。返青期的显著推迟和黄枯期的提前，是导致克氏针茅生育期长度显著缩短的直接原因。

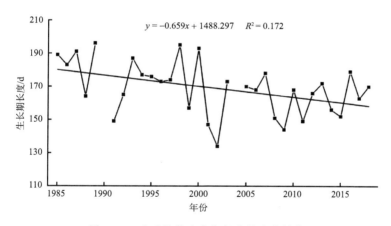

图 9.31　克氏针茅生育期长度的变化趋势

综上所述，1985—2018 年克氏针茅返青期呈现显著推迟趋势，平均每 10 a 推迟 5.4 d；抽穗期和枯黄期呈现提前趋势，抽穗期平均每 10 a 提前 5.4 d，枯黄期平均每 10 a 提前 1.2 d，但年际波动大，变化趋势不显著。返青期的显著推迟和黄枯期的提前导致克氏针茅生育期长度显著缩短，生育期长度平均每 10 a 缩短 6.3 d。

9.2.2　克氏针茅物候对前期气象因子的响应

植物物候是气候变化的指示器。关于植物物候对气象因子变化的响应已有许多研究，但是不同地区、不同物种的物候响应也不同（Walther et al.，2002）。在呼伦贝尔草甸草原地区，草原植物返青期主要受气温和降水的共同影响，但不同纬度植物的返青期对气温和降水响应不同。在低纬度地区,返青期随温度的升高及降水的增多而推迟;而在高纬度地区,返青期随温度的升高及降水的增多而提前(张玉静 等,2019)。青海湖以北的高寒草甸草原优势物种矮嵩草(*Kobresia humilis*)的返青期主要受到 1 月和 3—4 月气温的影响,枯黄期则主要受到 7—8 月气温的影响,最低气温相对于最高气温对矮嵩草各物候期影响更加显著(李晓婷 等,2019)。山地灌丛草甸草原地区,春季降水的减少是导致植物返青期推迟的主要原因,而枯黄期受夏季和秋季气象因子的共同影响。其中,气温是导致车前(*Plantago asiatica*)枯黄期变化的关键因素,而羊草(*Leymus chinensis*)和冰草(*Agropyron cristatum*)的枯黄期则主要响应降水的变化,委陵菜(*Potentilla chinensis*)则受到降水和日照时数的共同影响(高亚敏,2018)。荒漠草原地区,生长季前的平均气温是决定植物何时返青的关键因子,而生长季前的累计降水量则决定了返青期植物对于气温和降水变化的敏感性(李耀斌 等,2019)。鄂温克旗典型草原地区,大针茅(*Stipa baicalensis*)的返青主要受返青前 1~2 个月气温的影响,前 2 个月的降水是影响大针茅开花的关键因子,能够解释开花期 32% 的变化(肖芳 等,2020)。这表明,植物物候受前期气象条件的影响最为明显(李晓婷 等,2019)。为阐明前期气象因子对物候的影响,本节将分析克氏针茅植物返青期、抽穗期和枯黄期与其前 6 个月的平均气温、最高气温、最低气温、地表温度、降水、日照时数、相对湿度、风速及平均气压的关系。

(1)返青期对前期气象因子的响应

克氏针茅返青期主要受最高气温、地表温度、降水、日照时数、相对湿度及平均气压的影响($P<0.05$),与平均气温、最低气温及风速则无显著相关关系($P>0.05$)(表 9.1)。克氏针茅返青期日序与 3 月最高气温的相关系数为 0.390,表明 3 月最高气温的升高将导致克氏针茅植物返青期推迟。与前一年 11 月的地表温度也呈现显著的正相关,相关系数为 0.393。4 月降水显著影响返青期日序,相关系数为 0.398,表明 4 月降水量的增多将导致返青期推迟。4 月日照时数也与克氏针茅植物返青期日序存在显著相关,但相关系数为 -0.353,呈负相关,表明 4 月日照时数的增多将会导致返青期提前。克氏针茅返青期日序与前一年 11 月至当年 3 月的空气相对湿度均呈显著的负相关,相关系数分别为 -0.126、-0.517、-0.478、-0.606 和 -0.505。前期空气相对湿度的上升将导致克氏针茅植物返青期提前。

表 9.1　克氏针茅返青期日序与前期气象因子的相关系数

	11 月	12 月	1 月	2 月	3 月	4 月
平均气温/℃	0.293	-0.045	0.119	0.135	0.336	0.057
最高气温/℃	0.285	0.025	0.207	0.236	0.390*	0.000
最低气温/℃	0.210	-0.129	-0.029	-0.035	0.169	0.083
地表温度/℃	0.393*	0.159	0.311	0.223	0.247	-0.063
降水量/mm	-0.229	0.073	-0.009	-0.177	-0.068	0.398*
日照时数/h	0.005	-0.162	0.254	0.052	-0.165	-0.353*
相对湿度/%	-0.126*	-0.517*	-0.478*	-0.606*	-0.505*	0.286
风速/(m/s)	-0.190	-0.136	0.136	0.233	0.191	-0.122
平均气压/hPa	-0.463	-0.243*	-0.266	-0.284	-0.509*	-0.176

注:* 表示相关系数通过 0.05 水平显著性检验($P<0.05$)。

相关分析还表明,克氏针茅返青期日序与前一年 12 月和当年 3 月的平均气压密切相关,相关系数分别为 -0.243 和 -0.509,呈负相关,平均气压的降低将导致返青期提前。这表明,克氏针茅返青期主要受 3 月和 4 月气象因子的影响,但部分气象因子对返青期物候产生了较长的影响。

(2)抽穗期对前期气象因子的响应

克氏针茅抽穗期主要受平均气温、最高气温、地表温度、降水、相对湿度及风速的影响(P<0.05),与最低气温、日照时数及平均气压不存在显著相关关系(P>0.05)(表 9.2)。克氏针茅抽穗期日序与 6 月平均气温和最高气温的相关系数分别为 0.381 和 0.463,表明 6 月平均气温和最高气温的升高将导致克氏针茅抽穗期推迟。与 3 月和 6 月的地表温度也呈现显著的相关关系,相关系数分别为 -0.403 和 0.419,表明 3 月地表温度升高将导致抽穗提前,而 6 月地表温度的升高将导致抽穗期推迟。6 月和 7 月降水显著影响抽穗期日序,相关系数分别为 -0.649 和 -0.478,6 月降水与抽穗期的相关性高于 7 月,且 6 月和 7 月降水的增多将导致抽穗期提前。6 月和 7 月空气相对湿度也与克氏针茅抽穗期日序呈显著负相关,相关系数分别为 -0.604 和 -0.383。对于风速,3 月风速的增大将导致抽穗期推迟,相关系数 0.450。这表明,温度因子对抽穗期物候的影响主要集中在 6 月,温度升高导致克氏针茅抽穗期推迟。水分因子对抽穗期的影响主要集中在 6 月和 7 月,且抽穗期日序与 6 月水分因子的相关性高于 7月。6 月和 7 月水分增多将导致克氏针茅抽穗期提前。

表 9.2　克氏针茅抽穗期日序与前期气象因子的相关系数

	3 月	4 月	5 月	6 月	7 月	8 月
平均气温/℃	-0.362	-0.143	-0.124	0.381*	0.018	0.032
最高气温/℃	-0.317	-0.114	-0.018	0.463*	0.106	-0.037
最低气温/℃	-0.359	-0.182	-0.197	0.217	-0.165	0.219
地表温度/℃	-0.403*	-0.108	-0.063	0.419*	0.051	-0.005
降水量/mm	0.008	-0.281	-0.152	-0.649*	-0.478*	0.201
日照时数/h	-0.088	-0.202	0.146	0.363	0.061	-0.275
相对湿度/%	0.073	0.025	-0.186	-0.604*	-0.383*	0.039
风速/(m/s)	0.450*	-0.014	0.257	0.309	0.043	0.011
平均气压/hPa	0.007	-0.060	0.080	0.241	0.055	-0.094

注:* 表示相关系数通过 0.05 水平显著性检验(P<0.05)。

(3)枯黄期对前期气象因子的响应

克氏针茅枯黄期主要受最高气温、地表温度、降水、日照时数及相对湿度的影响(P<0.05)(表 9.3)。枯黄期日序与 8 月最高气温和地表温度的相关系数分别为 -0.381 和 -0.402,表明 8 月最高气温和地表温度的升高导致克氏针茅枯黄期提前。8 月降水与枯黄期日序呈显著正相关,相关系数 0.580,8 月降水的增多将导致枯黄期推迟。枯黄期日序与 8 月日照时数呈显著负相关,相关系数 -0.435。对于相对湿度,6 月相对湿度升高将导致枯黄期提前,而 8 月和 9 月相对湿度升高将导致枯黄期推迟。这表明,气象因子对枯黄期的影响主要集中在 8 月。

表9.3　克氏针茅枯黄期与前期气象因子的相关系数

	4月	5月	6月	7月	8月	9月
平均气温/℃	0.026	0.036	0.083	−0.056	−0.331	−0.116
最高气温/℃	0.017	0.149	0.153	−0.069	−0.381*	−0.160
最低气温/℃	0.006	−0.021	−0.088	0.014	−0.074	0.046
地表温度/℃	0.046	0.009	0.070	−0.116	−0.402*	−0.148
降水量/mm	−0.071	0.256	−0.300	0.114	0.508*	0.213
日照时数/h	0.080	0.176	0.149	−0.225	−0.435*	−0.136
相对湿度/%	−0.130	0.019	−0.419*	0.106	0.370*	0.384*
风速/(m/s)	−0.160	−0.095	0.059	0.205	−0.054	0.052
平均气压/hPa	−0.089	0.128	0.073	−0.017	−0.227	−0.029

注：* 表示相关系数通过0.05水平显著性检验($P<0.05$)。

9.3　克氏针茅物候的气象影响因子关键期

克氏针茅物候受前期气象因子的影响，且不同时期的气象因子对克氏针茅物候的影响不同。研究表明，克氏针茅抽穗期主要受6月气象因子影响（蔡庆生，2011），高温和强日照导致的水分供应不足不利于植物的生长发育（Myoung et al.，2013）。夏季高温及强光照是导致克氏针茅植物夏季和秋季物候提前的重要原因，克氏针茅植物枯黄期也受到前期降水的影响，8—9月降水增加将推迟枯黄期物候（张峰 等，2008）。为明确不同时期气象因子对克氏针茅物候的影响，本节将分析影响克氏针茅不同物候的气象因子关键期。

9.3.1　影响返青期的气象因子关键期

（1）温度

克氏针茅返青期日序与温度因子（平均气温、最高气温、最低气温和地表温度）的偏最小二乘法回归模型表明（图9.32），返青期对不同温度因子的响应存在一致性。1月中旬和2月中、下旬及3月上、中旬模型系数大多为正，此时温度升高，返青期将推迟；而3月下旬及4月上旬模型系数大多为负，期间温度升高，返青期将提前。2月中旬至4月上旬为温度影响返青期物候的关键期。

（2）水分

水分因子与克氏针茅返青期日序的偏最小二乘法回归分析的结果表明（图9.33），4月降水的模型投影重要性均超过0.8，且模型系数大多为正值，4月降水与返青期日序呈显著正相关。4月是降水影响返青期的关键期，此时降水增加将导致返青期推迟。4月相对湿度的模型投影重要性大多不超过0.8，期间相对湿度对克氏针茅返青期无连续和统一的影响。但在2月上、中旬及3月中旬相对湿度的模型投影重要性大多超过0.8，且模型系数大多为负，此时相对湿度与克氏针茅返青期日序呈现显著的负相关；2月下旬模型投影重要性超过0.8且模型系数大多为正，此时相对湿度与克氏针茅返青期日序呈显著的正相关。降水与相对湿度影响克氏针茅返青期的关键期并不相同，相对湿度主要在2—3月影响克氏针茅的返青期，而降

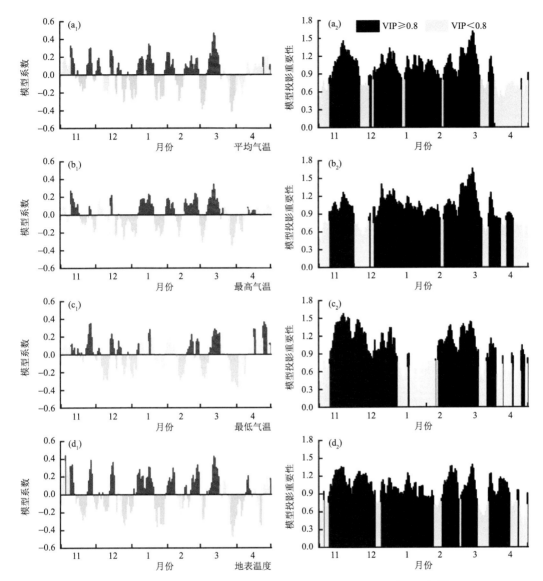

图 9.32　克氏针茅植物返青期日序（$a_1 \sim d_1$）与温度因子的偏最小二乘法回归模型（$a_2 \sim d_2$）

（a）平均气温；（b）最高气温；（c）最低气温；（d）地表温度

水影响克氏针茅返青期的关键期是 4 月。

（3）光照

克氏针茅返青期日序与前 6 个月日照时数的偏最小二乘法回归模型表明（图 9.34），3—4 月是日照时数影响克氏针茅返青期的关键期。3—4 月模型投影重要性大多超过 0.8 且模型系数大多为负，表明此期间日照时数的增多将促进克氏针茅返青。

9.3.2　影响抽穗期的气象因子关键期

（1）温度

与返青期相同，克氏针茅抽穗期日序对平均气温、最高气温、最低气温和地表温度变化的

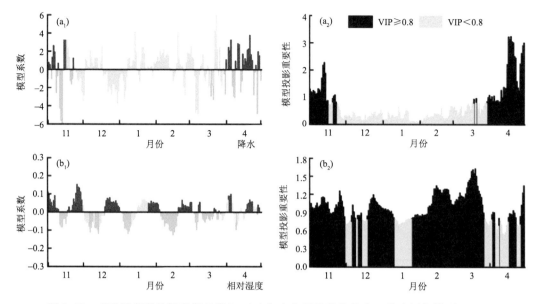

图 9.33　克氏针茅植物返青期日序(a_1、b_1)与水分因子的偏最小二乘法回归模型(a_2、b_2)
(a)降水量；(b)相对湿度

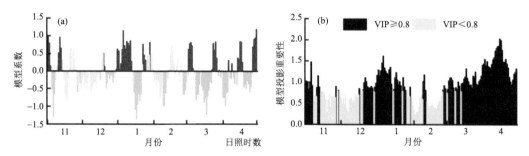

图 9.34　克氏针茅植物返青期日序(a)与光照因子的偏最小二乘法回归模型(b)

响应规律具有一致性(图 9.35)。

温度因子影响克氏针茅抽穗期的关键期为 6 月和 7 月中、下旬。其中,6 月平均气温、最高气温、最低气温和地表温度与抽穗期日序的模型投影重要性大多超过 0.8,且模型系数大多为正,表明 6 月平均气温、最高气温、最低气温和地表温度对克氏针茅抽穗期产生了连续、统一的影响,平均气温、最高气温、最低气温和地表温度的升高将导致抽穗期推迟。平均气温、最高气温、最低气温的模型系数均大于地表温度,表明此时气温变化对克氏针茅抽穗期的影响大于地表温度。7 月中、下旬平均气温、最高气温、最低气温和地表温度与抽穗期日序的模型投影重要性大多超过 0.8,且模型系数大多为负,表明 7 月中、下旬平均气温、最高气温、最低气温和地表温度与克氏针茅抽穗期日序间存在显著的负相关,此时平均气温、最高气温、最低气温和地表温度的升高将促使克氏针茅抽穗期提前。地表温度的模型系数小于平均气温、最高气温和最低气温,与地表温度相比,此时克氏针茅抽穗期对气温的变化更为敏感。

(2)水分

降水对克氏针茅抽穗期的影响主要集中在 6 月中旬至 8 月上旬(图 9.36)。6 月中、下旬

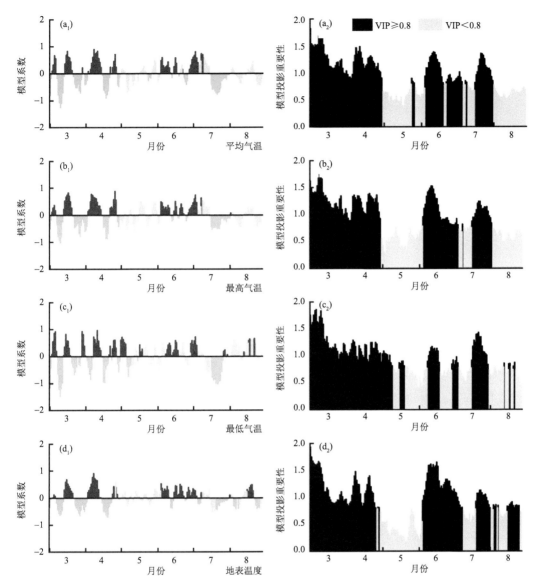

图 9.35　克氏针茅植物抽穗期日序（$a_1 \sim d_1$）与温度因子的偏最小二乘法回归模型（$a_2 \sim d_2$）
（a）平均气温；（b）最高气温；（c）最低气温；（d）地表温度

及 7 月，降水与克氏针茅抽穗期日序的模型投影重要性均超过 0.8，且大多为负，此时降水与抽穗期日序存在显著的负相关，降水的增加促进克氏针茅抽穗；而在 8 月上旬，模型系数大多为正，8 月上旬降水增加反而将推迟抽穗发生。相对湿度对克氏针茅抽穗期的影响主要集中在 6 月，此时相对湿度与抽穗期日序也存在显著的负相关，相对湿度的升高将促进克氏针茅抽穗期提前；7 月虽然相对湿度与克氏针茅抽穗期的模型投影重要性大多超过 0.8，但由于模型系数符号不一致，此时相对湿度对抽穗期没有产生连续、统一的影响。

（3）光照

6 月是日照时数影响克氏针茅抽穗期的关键期，此时模型投影重要性均超过 0.8 且模型系数大多为正，表明此时日照时数与抽穗期日序间存在显著的正相关，日照时数的增多将导致克氏针茅抽穗期推迟(图 9.37)。

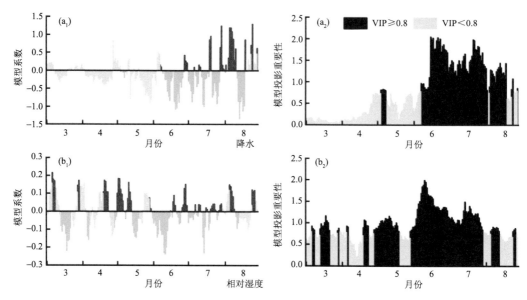

图 9.36　克氏针茅植物抽穗期日序(a_1、b_1)与水分因子的偏最小二乘法回归模型(a_2、b_2)
(a)降水量;(b)相对湿度

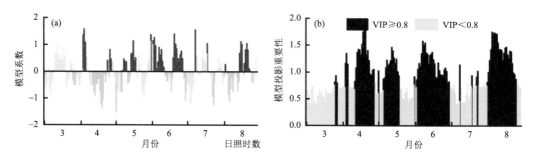

图 9.37　克氏针茅植物抽穗期日序(a)与光照因子的偏最小二乘法回归模型(b)

9.3.3　影响枯黄期的气象因子关键期

(1)温度

温度对克氏针茅枯黄期的影响主要集中在 8 月中、下旬及 9 月上旬(图 9.38)。8 月中、下旬及 9 月上旬,平均气温、最高气温和地表温度与枯黄期的模型投影重要性大多超过 0.8,且模型系数大多为负,此时平均气温、最高气温和地表温度的升高将导致枯黄期提前;最低气温的模型投影重要性大多不超过 0.8,克氏针茅枯黄期对最低气温变化不敏感。

(2)水分

8 月是水分因子影响克氏针茅枯黄期的关键期。8 月降水和相对湿度与枯黄期日序的模型投影重要性均超过 0.8,且大多为正,表明此时降水和相对湿度增大将推迟克氏针茅的枯黄期,延长克氏针茅的生育期长度(图 9.39)。

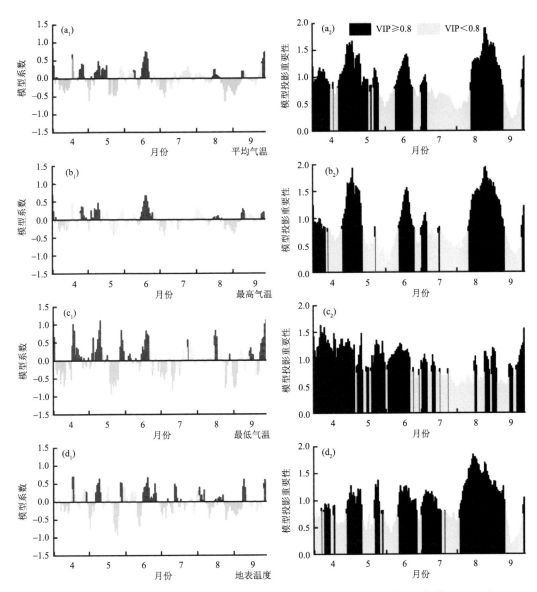

图 9.38 克氏针茅植物枯黄期日序（$a_1 \sim d_1$）与温度因子的偏最小二乘法回归模型（$a_2 \sim d_2$）
（a）平均气温；（b）最高气温；（c）最低气温；（d）地表温度

（3）光照

8 月也是日照时数影响克氏针茅枯黄期的关键期（图 9.40）。此时日照时数与枯黄期日序的模型投影重要性均超过 0.8，且大多为负，表明此时日照时数与克氏针茅枯黄期存在显著负相关，日照时数的增多将导致克氏针茅枯黄期提前。

综上所述，克氏针茅返青期与 3 月最高气温、前一年 11 月的地表温度、4 月降水、4 月日照时数、前一年 11 月至当年 3 月的相对湿度及前一年 12 月和当年 3 月的平均气压密切相关，最高气温、地表温度升高和降水的增多将导致返青期推迟，日照时数、相对湿度和平均气压的上升将导致返青期提前。克氏针茅抽穗期与 6 月平均气温、最高气温和地表温度呈显著正相关，

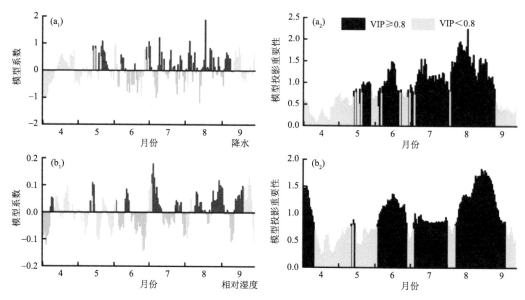

图 9.39　克氏针茅植物枯黄期日序与水分因子(a_1、b_1)的偏最小二乘法回归模型(a_2、b_2)

(a)降水；(b)相对湿度

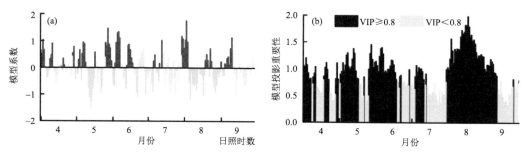

图 9.40　克氏针茅植物枯黄期日序(a)与光照因子的偏最小二乘法回归模型(b)

与 6 月和 7 月降水及相对湿度呈显著正相关。气象因子对克氏针茅枯黄期的影响主要集中在 8 月，8 月最高气温、地表温度和日照时数的上升将导致克氏针茅枯黄期提前，而 8 月降水及相对湿度升高将导致枯黄期推迟。

同时，偏最小二乘法回归分析表明，克氏针茅物候对温度因子(平均气温、最高气温、最低气温和地表温度)的响应存在一致性，2 月中旬至 4 月上旬为温度影响返青期物候的关键期，2 月中、下旬及 3 月上、中旬升温将推迟返青期，3 月下旬及 4 月上旬升温则导致返青期提前。温度因子影响克氏针茅抽穗期的关键期为 6 月及 7 月中、下旬，6 月升温将导致抽穗期推迟，而 7 月中、下旬升温则将导致抽穗期提前。温度因子对克氏针茅枯黄期的影响主要集中在 8 月中、下旬及 9 月上旬，期间升温将导致枯黄期提前。水分因子(降水、相对湿度)在 2—4 月影响克氏针茅返青期，相对湿度主要在 2—3 月影响克氏针茅返青期，而降水影响克氏针茅返青期的关键期在 4 月。水分因子影响克氏针茅抽穗期的关键期为 6 月，期间水分因子增大将促进克氏针茅抽穗，但 8 月上旬降水增多反而将导致克氏针茅的抽穗期推迟。8 月是水分因子影响克氏针茅枯黄期的关键期。此时降水和相对湿度上升将推迟克氏针茅的枯黄期。对于光照因子,3—4 月日照时数的增多将对克氏针茅返青产生促进作用。6 月是日照时数影响克氏针茅抽穗期的关键期,日照时数的增多将导致克氏针茅抽穗期推迟。而 8 月日照时数的增多将导致克氏针茅的枯黄期提前。

第 10 章　克氏针茅物候对干旱的响应

干旱通过改变植被活力(Hua et al.,2017),引起植被物候以及生产力的改变(Nogueira et al.,2017)。但是,目前关于干旱对物候的影响结论并不一致。研究指出,干旱导致北半球中高纬度地区植物春季和秋季物候均提前(Wu et al.,2022;Zeng et al.,2021)。但有研究表明,干旱导致加拿大草地植物春季物候期推迟,秋季物候期提前(Cui et al.,2017),中国东北样带草本植物返青期推迟、木本植物返青期提前(Yuan et al.,2020),中国西南地区植物春季物候期推迟,秋季物候期提前(Lai et al.,2020)。因此,弄清干旱对植物物候的影响可能为理解未来植物物候对气候变化的响应提供重要的启示(Wu et al.,2022)。

已有干旱对物候影响研究主要基于区域或全球尺度探究干旱对生态系统植被物候的影响(Zeng et al.,2021),而且多以遥感资料为基础,利用统计方法反演植物物候期,进而识别群落或景观尺度植物物候对干旱的响应(Peng et al.,2019),从而导致干旱对物候影响结论不一致。此外,干旱具有多时间尺度特征(Vicente-Serrano et al.,2010),分析植物物候期对干旱的响应时需考虑不同时间尺度干旱的影响(Li et al.,2019)。通常,用于量化干旱的指数有帕默尔干旱强度指数(PDSI)、标准化降水指数(SPI)和标准化降水蒸散指数(SPEI)等(Ivits et al.,2014)。SPEI 由于考虑了潜在蒸散的影响,解释了温度变化和极端温度的可能影响(Ivits et al.,2014),更适于描述气候变暖下的干旱变化(Vicente-Serrano et al.,2010),已被广泛用于分析干旱对植被的动态影响(Peng et al.,2019;吕达等,2022)。

当前,关于不同时间尺度干旱对植物不同物候期的影响研究缺乏,制约着植物物候对干旱响应机制的理解与定量模拟,影响着陆地生态系统固碳的准确评估(Deng et al.,2019)。草原生态系统对干旱高度敏感,尤其是降水在 200～300 mm 的半干旱区植被最易受到干旱的影响(Yuan et al.,2020)。为此,本章将基于 1983—2018 年内蒙古半干旱区典型草原优势物种克氏针茅不同物候期资料,阐明克氏针茅不同物候期对不同时间尺度干旱的响应特征,揭示不同物候期对不同时间尺度干旱响应的关键期。

10.1　克氏针茅物候对不同时间尺度干旱的响应

标准化降水蒸散指数(SPEI)用于计算干旱程度,采用 M-K(Mann-Kendall)突变检验分析 1981—2018 年干湿变化趋势及突变年。

标准化降水蒸散指数(SPEI)以月平均气温和月降水量为输入资料,通过计算月降水量与潜在蒸散的差值并进行正态标准化处理得到(Vicente-Serrano et al.,2010)。不同时间尺度的 SPEI 代表过去几个月的累计水平衡。SPEI 值越大表示越湿,越小表示越干。

第一步,采用 Thornthwaite 方法计算逐月的潜在蒸散量:

$$PET = 16 \times (\frac{10T_i}{I})^m \tag{10.1}$$

式中，PET 表示潜在蒸散量(mm)，T_i 为月平均温度(℃)；I 为年热量指数；m 为常数。

第二步，计算逐月降水量与潜在蒸散量的差值：

$$D_i = P_i - PET_i \tag{10.2}$$

式中，i 表示月份，D_i 为降水量与蒸散的差值，P_i 为 i 月份的月降水量(mm)；PET_i 为 i 月份的蒸散量(mm)。

构建基于不同时间尺度的水平衡累计序列：

$$D_n^k = \sum_{i=0}^{k-1} (P_{n-1} - PET_{n-i}) \qquad n \geqslant k \tag{10.3}$$

式中，k 为时间尺度(月)，n 为计算次数。

第三步，对 D_i 序列进行正态化。SPEI 采用 3 参数的对数逻辑(log-logistic)概率分布函数拟合水分亏缺 D_i 序列，拟合给定时间尺度的对数逻辑概率密度函数($f(x)$)和累积概率密度($F(x)$)：

$$f(x) = \frac{\beta}{\alpha} (\frac{x-\gamma}{\alpha})^{\beta-1} [1 + (\frac{x-\gamma}{\alpha})^\beta]^{-2} \tag{10.4}$$

$$F(x) = [1 + (\frac{\alpha}{x-\gamma})^\beta]^{-1} \tag{10.5}$$

式中，α、β 和 γ 分别为尺度参数、形状参数和位置参数，可通过 L-矩参数估计。

当 $P \leqslant 0.5$ 时，累积概率密度标准正态化如下：

$$SPEI = \omega - \frac{c_0 + c_1\omega + c_2\omega^2}{1 + d_1\omega + d_2\omega^2 + d_3\omega^3} \tag{10.6}$$

$$\omega = \sqrt{-2\ln(P)} \tag{10.7}$$

当 $P > 0.5$ 时，累积概率密度标准正态化如下：

$$SPEI = -\omega - \frac{c_0 + c_1\omega + c_2\omega^2}{1 + d_1\omega + d_2\omega^2 + d_3\omega^3} \tag{10.8}$$

式中，$c_0 = 2.515517$，$c_1 = 0.802853$，$c_2 = 0.010328$，$d_1 = 1.432788$，$d_2 = 0.189269$，$d_3 = 0.001308$。由此可计算得到 1983—2018 年月(SPEI-1)、季(SPEI-3)和半年尺度干旱(SPEI-6)特征。

M-K 突变检验是世界气象组织推荐使用的一种非参数气候突变检验方法。M-K 突变检验主要输出两个统计量(UF_k 和 UB_k)序列。计算方法如下：

第一步，构造秩序列。设样本量为 n 的时间序列 x，其秩序列为

$$s_k = \sum_{i=1}^{k} r_i \quad k = 2,3,\cdots,n \qquad r_i = \begin{cases} 1 & x_i > x_j \quad j = 1,2,3,\cdots,i \\ 0 & \text{其他} \end{cases} \tag{10.9}$$

式中，s_k 表示第 i 年数值大于 j 年数值个数的累加。

第二步，定义统计量。假设时间序列随机独立，统计量定义如下：

$$UF_k = \frac{s_k - E(s_k)}{\sqrt{Var(s_k)}} \quad k = 1,2,3,\cdots,n \tag{10.10}$$

式中，$UF_1 = 0$，$E(s_k)$ 和 $Var(s_k)$ 分别表示 s_k 的均值和方差。UF_k 为标准正态分布，其按时间序列 x 正序计算得到。类似地，按时间序列 x 逆序可计算得到统计量 UB_k。

均值和方差计算如下：

$$E(s_k) = \frac{k(k-1)}{4} \quad k = 2,3,\cdots,n \tag{10.11}$$

$$\mathrm{Var}(s_k) = \frac{k(k-1)(2k+5)}{72} \quad k = 2,3,\cdots,n \tag{10.12}$$

若统计量 UF_k 或 UB_k 均大于 0，表示序列呈上升趋势，小于 0 则表示序列呈下降趋势。当统计量超出临界线（置信度为95%，置信水平线为±1.96）时，表示序列上升或下降趋势显著。若统计量 UF_k 和 UB_k 序列曲线出现交叉点且交叉点在临界线之间，那么交叉点对应的时间为突变开始的时间。

依据国际上通用的 SPEI 干旱等级划分，本研究将 SPEI 划分为 3 大类，分别是干旱（SPEI＜－1.0）、正常（－1.0 ≤ SPEI＜0.5）、湿润（SPEI≥ 0.5）。克氏针茅返青期因 1—2 月发生的不同时间尺度干旱推迟，因 4 月发生的不同时间尺度干旱提前（图10.1）。

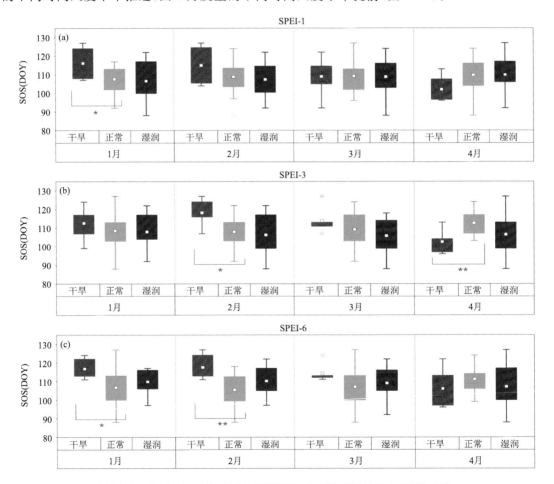

图 10.1　1983—2018 年克氏针茅返青期对不同时间尺度 SPEI 的响应．
（a、b、c 分别表示 SPEI-1、SPEI-3、SPEI-6 时间尺度，＊ 表示 $P<0.05$，＊＊ 表示 $P<0.01$）

月尺度的 1 月干旱气候与正常气候下的返青期差异显著（$P<0.05$）；季尺度的 2 月干旱气候和正常气候下的返青期差异显著（$P<0.05$），4 月干旱气候和正常气候下的返青期差异显

著($P<0.01$);半年尺度的 1 月和 2 月干旱气候和正常气候下的返青期差异显著($P<0.05,P$ <0.01)。抽穗期和开花期因之前发生的不同时间尺度干旱推迟,其中 7 月干旱和正常气候下的抽穗期差异显著($P<0.01$)(图 10.2)。

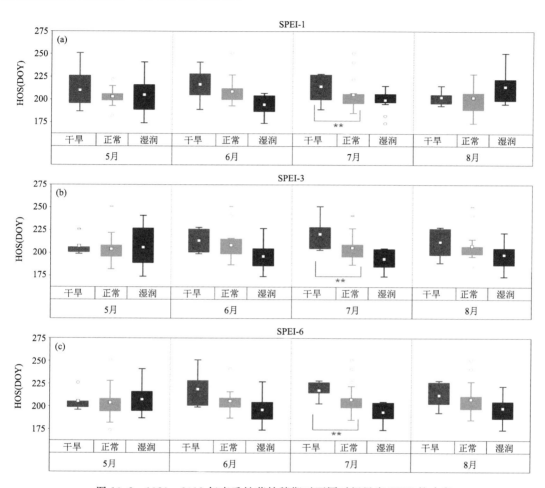

图 10.2　1983—2018 年克氏针茅抽穗期对不同时间尺度 SPEI 的响应

月尺度的 6 月干旱和正常气候下开花期差异显著($P<0.05$),季尺度的 8 月干旱和正常气候下开花期差异显著($P<0.05$)(图 10.3)。枯黄期因季前发生不同时间尺度干旱而提前(图 10.4),其中月尺度的 8 月干旱和正常气候下的枯黄期差异显著($P<0.05$)。

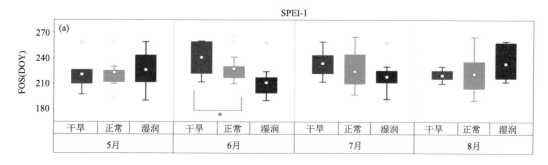

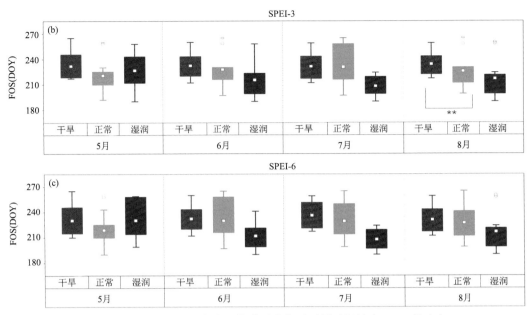

图 10.3 1983—2018 年克氏针茅开花期对不同时间尺度 SPEI 的响应

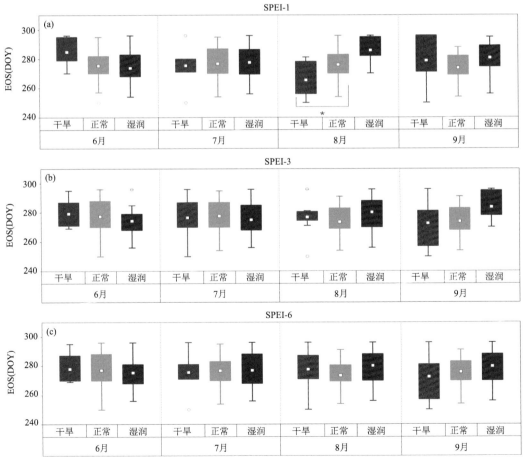

图 10.4 1983—2018 年克氏针茅枯黄期对不同时间尺度 SPEI 的响应

10.2　克氏针茅物候响应干旱的关键期

不同时间尺度的 SPEI 对克氏针茅返青期的影响特征基本一致(图 10.5)。月尺度的 1 月、2 月 SPEI 与返青期呈显著负相关(VIP≥0.8,MC<0),季尺度的 1 月、2 月、3 月 SPEI 与返青期呈显著负相关(VIP≥0.8,MC<0),半年尺度的 2 月 SPEI 与返青期呈显著负相关(VIP≥0.8,MC<0)。同时,月、季、半年尺度的 4 月 SPEI 与返青期呈显著正相关(VIP≥0.8,MC>0)。这表明,返青期受前期干旱及其持续性影响,且越接近返青期的持续干旱影响越大。

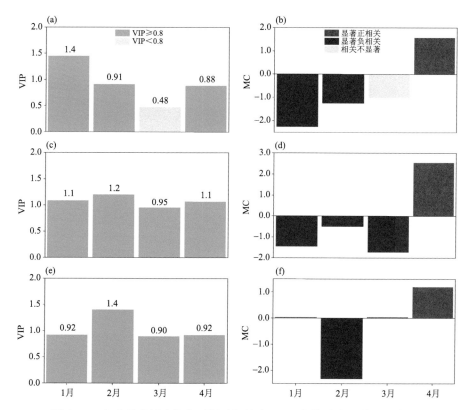

图 10.5　克氏针茅返青期与不同时间尺度 SPEI 的偏最小二乘回归分析。
(a)、(b)分别为基于 SPEI-1 的 VIP 和 MC 值,(c)、(d)分别为基于 SPEI-3 的 VIP 和 MC 值,(e)、(f)分别为基于 SPEI-6 的 VIP 和 MC 值

不同时间尺度的 SPEI 对克氏针茅抽穗期和开花期的影响特征也基本一致(图 10.6、图 10.7)。6 月、7 月不同时间尺度的 SPEI 均与抽穗期和开花期呈显著负相关(VIP≥0.8,MC<0)。月尺度的 6 月干旱对抽穗期和开花期影响最显著,季和半年尺度的 7 月干旱对抽穗期和开花期影响最显著。VIP 值表明,抽穗期和开花期受前期干旱及其持续性影响,且越接近抽穗期和开花期的持续干旱影响越大。

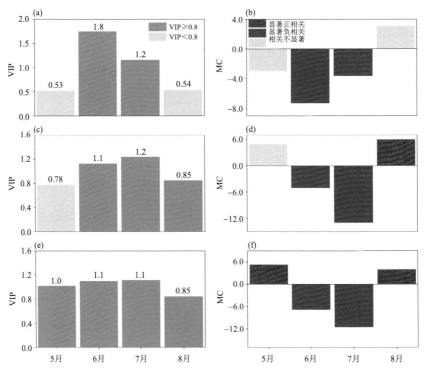

图 10.6　克氏针茅抽穗期与不同时间尺度 SPEI 的偏最小二乘回归分析。（a）、（b）分别为基于 SPEI-1 的 VIP 和 MC 值，（c）、（d）分别为基于 SPEI-3 的 VIP 和 MC 值，（e）、（f）分别为基于 SPEI-6 的 VIP 和 MC 值

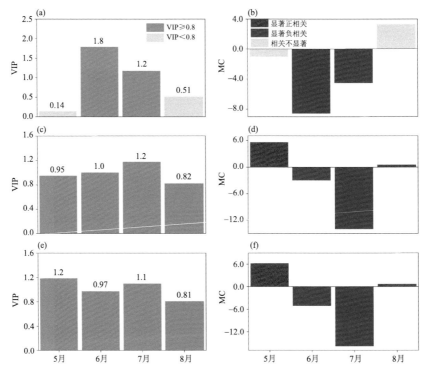

图 10.7　克氏针茅开花期与不同时间尺度 SPEI 的偏最小二乘回归分析。（a）、（b）分别为基于 SPEI-1 的 VIP 和 MC 值，（c）、（d）分别为基于 SPEI-3 的 VIP 和 MC 值，（e）、（f）分别为基于 SPEI-6 的 VIP 和 MC 值

　　不同时间尺度的 SPEI 对克氏针茅枯黄期的影响也基本一致(图 10.8)。月尺度的 8 月 SPEI 与枯黄期呈显著正相关(VIP≥0.8,MC>0)且 VIP 值最高,季尺度的 9 月 SPEI 与枯黄期呈显著正相关(VIP≥0.8,MC>0),半年尺度的 9 月 SPEI 与枯黄期呈正相关(VIP≥0.8,MC>0)。这表明,枯黄期受前期干旱及其持续性影响,且越接近抽穗期和开花期的持续干旱影响越大。PLS 分析表明,返青期、抽穗期/开花期和枯黄期对月尺度干旱响应的关键期分别为 1 月、6 月和 8 月,对季和半年尺度干旱响应的关键期分别为 2 月、6—7 月和 9 月。

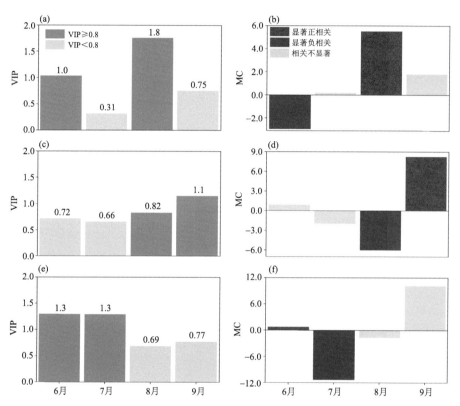

图 10.8　克氏针茅枯黄期与不同时间尺度 SPEI 的偏最小二乘回归分析。(a)、(b)分别为基于 SPEI-1 的 VIP 和 MC 值,(c)、(d)分别为基于 SPEI-3 的 VIP 和 MC 值,(e)、(f)分别为基于 SPEI-6 的 VIP 和 MC 值

　　综上所述,1983—2018 年内蒙古典型草原克氏针茅物候期变化与不同时间尺度干旱的关系表明,克氏针茅返青期呈提前—推迟—提前的变化趋势,抽穗期、开花期和枯黄期均呈提前趋势。干旱是影响克氏针茅物候期的关键因子,其中 1—2 月、6—7 月和 8—9 月的 SPEI 分别显著影响返青期、抽穗期/开花期和枯黄期。本研究结果也验证了克氏针茅物候对月尺度干旱的响应强于季或半年尺度干旱。

第 11 章　森林植物展叶期变化的生理生态机制

本章以蒙古栎为例,重点阐述蒙古栎展叶期对不同程度增温、光周期、氮添加及其协同作用的响应,增进环境变化对森林植物物候影响的理解,并为理解陆地生态系统结构与功能变化提供依据。

11.1　蒙古栎展叶盛期与生理生态特征的相关性

蒙古栎展叶盛期与叶片的气体交换参数关系密切(表 11.1)。各处理展叶盛期与净光合速率(P_n)均在 0.01 水平下呈显著负相关,相关系数在 0.5 以上,表明净光合速率的升高导致展叶盛期提前。气孔导度(G_s)和蒸腾速率(T_r)仅在光照时间和氮添加协同作用下与展叶盛期不相关($P > 0.05$)。相对叶绿素含量 SPAD 与蒙古栎展叶盛期在不同处理下均无显著相关。对于生化指标,整体表现为在相同处理下,过氧化物酶活性(POD)和丙二醛含量(MDA)与蒙古栎展叶盛期相关一致,而与脯氨酸含量 Pro 呈现的相关相反。

表 11.1　不同处理下蒙古栎展叶盛期与生理生态特征的相关系数

	P_n	G_s	T_r	C_i	SPAD	POD	Pro	MDA
T	−0.645**	−0.478*	−0.396*	0.337*	−0.099	−0.471*	−0.254	0.413*
L	−0.577**	0.511**	0.426*	0.478*	−0.257	−0.129	0.438*	−0.190
N	−0.699**	−0.681**	−0.687**	0.609**	−0.198	−0.501**	0.094	0.686**
T×L	−0.869**	−0.631**	−0.489*	0.202	−0.266	−0.550**	−0.004	0.823**
T×N	−0.728**	−0.677**	−0.652**	0.277	−0.227	−0.578**	0.452*	0.103
L×N	−0.557**	−0.254	−0.263	−3.353*	−0.284	−0.056	−0.445*	−0.168
T×L×N	−0.796**	−0.791**	−0.769**	0.436*	−0.145	−0.123	0.573**	−0.230

注:T 表示增温处理,L 表示光照时间处理,N 表示氮添加处理,T×L 表示增温和光照协同作用,T×N 表示增温和氮添加协同作用,L×N 表示光照时间和氮添加协同作用,T×L×N 表示增温、光照时间和氮添加协同作用;* 表示 $P < 0.05$,** 表示 $P < 0.01$。

11.2　蒙古栎展叶盛期响应环境变化的生理生态机制

为进一步探明蒙古栎生理生态特征、物候期和环境因子的关系,以蒙古栎展叶盛期观测数据为例,通过建立路径分析模型,探讨各环境因素对蒙古栎物候期的影响途径。

11.2.1　展叶盛期变化响应增温、光照和氮添加单因子变化的生理生态机制

增温、光照时间和氮添加单因素处理下蒙古栎展叶盛期生理生态特征的路径分析表明(图

11.1），温度、光照时间和氮添加对蒙古栎展叶盛期生理生态机制的解释率分别为 76％、34％和 69％。此外，在单因素处理中，对蒙古栎展叶盛期直接作用最大的影响因子均为净光合速率，表明净光合速率是导致蒙古栎展叶盛期变化的主要生理生态因子。增温处理和氮添加处理下，净光合速率对蒙古栎展叶盛期的直接效应分别为 -0.72 和 -0.83，表明升温和施氮条件下，净光合速率和蒙古栎展叶盛期的发生时间呈负相关，净光合速率的升高导致蒙古栎展叶盛期提前。光照时间处理下，净光合速率对蒙古栎展叶盛期的直接效应为 0.42，表明不同的光照条件下，净光合速率和蒙古栎展叶盛期的发生时间呈正相关，净光合速率的下降导致蒙古栎展叶盛期推迟。

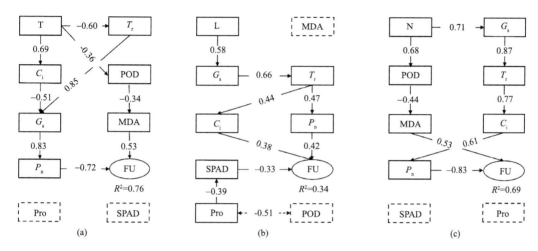

图 11.1　蒙古栎展叶盛期在增温（a）、光照时间（b）和氮添加（c）处理下的路径分析
（——表示 $P<0.05$，……表示 $P>0.05$；箭头上的数字表示标准化路径系数，
R^2 表示路径模型解释的变化比例。下同）

　　增温处理下，蒙古栎展叶盛期的直接影响因子为丙二醛和净光合速率，影响效应分别为 0.53 和 -0.72（表 11.2）。温度对展叶盛期的间接效应主要是通过胞间 CO_2 浓度影响气孔导度，进而影响净光合速率，温度升高促使蒙古栎的展叶盛期推迟（0.21）。另外，温度也可以通过蒸腾速率影响气孔导度，从而影响净光合速率，影响效应为 0.17。温度通过生化指标对蒙古栎展叶盛期的影响较小，效应仅为 0.06。这表明，温度主要通过光合生理特征间接对蒙古栎展叶盛期产生影响。在不同光照条件下，蒙古栎展叶盛期的直接影响因子为胞间 CO_2 浓度、叶绿素含量和净光合速率，影响效应分别为 0.38、-0.33 和 0.42。光照时间通过两种途径间接对蒙古栎展叶盛期产生影响，其中，光照时间均通过气孔导度影响蒸腾速率，但蒸腾速率既可以通过影响胞间 CO_2 浓度使展叶盛期产生显著变化，也可以通过净光合速率影响展叶盛期，两条路径的影响效应分别为 0.06 和 0.08。尽管过氧化物酶可以通过影响叶绿素含量对展叶盛期产生影响（0.13），但光照时间通过生化指标的路径均不显著（$P>0.05$）。这表明，蒙古栎展叶盛期主要通过光合生理特征变化对光照时间做出响应。氮添加处理下，蒙古栎展叶盛期的直接影响因子为丙二醛含量和净光合速率，影响效应分别为 0.53 和 -0.83。在光合生理特征路径中，氮素通过气孔导度影响蒸腾速率和胞间 CO_2 浓度，进而影响净光合速率，影响效应为 -0.24，表明氮添加使蒙古栎展叶盛期提前。在生化指标路径中，氮素通过过氧化物酶活性影响丙二醛含量，进而对展叶盛期产生影响，影响效应为 -0.16，表明光合生理特征是氮素影

响蒙古栎展叶盛期的主要途径。

表 11.2　蒙古栎展叶盛期在增温、光照时间和氮添加处理下的路径分析

处理	生理生态因子		影响路径	影响效应
增温处理	T	间接影响	$T \rightarrow T_r \rightarrow G_s \rightarrow P_n \rightarrow FU$	0.17
		间接影响	$T \rightarrow C_i \rightarrow G_s \rightarrow P_n \rightarrow FU$	0.21
		间接影响	$T \rightarrow POD \rightarrow MDA \rightarrow FU$	0.06
	T_r	间接影响	$T_r \rightarrow G_s \rightarrow P_n \rightarrow FU$	-0.51
	C_i	间接影响	$C_i \rightarrow G_s \rightarrow P_n \rightarrow FU$	0.30
	POD	间接影响	$POD \rightarrow MDA \rightarrow FU$	-0.18
	G_s	间接影响	$G_s \rightarrow P_n \rightarrow FU$	-0.60
	MDA	直接影响	$MDA \rightarrow FU$	0.53
	P_n	直接影响	$P_n \rightarrow FU$	-0.72
光照时间处理	L	间接影响	$L \rightarrow G_s \rightarrow T_r \rightarrow C_i \rightarrow FU$	0.06
		间接影响	$L \rightarrow G_s \rightarrow T_r \rightarrow P_n \rightarrow FU$	0.08
	G_s	间接影响	$G_s \rightarrow T_r \rightarrow C_i \rightarrow FU$	0.11
		间接影响	$G_s \rightarrow T_r \rightarrow P_n \rightarrow FU$	0.13
	T_r	间接影响	$T_r \rightarrow C_i \rightarrow FU$	0.18
		间接影响	$T_r \rightarrow P_n \rightarrow FU$	0.20
	C_i	直接影响	$C_i \rightarrow FU$	0.38
	P_n	直接影响	$P_n \rightarrow FU$	0.42
	SPAD	直接影响	$SPAD \rightarrow FU$	-0.33
	Pro	间接影响	$Pro \rightarrow SPAD \rightarrow FU$	0.13
氮添加处理	N	间接影响	$N \rightarrow G_s \rightarrow T_r \rightarrow C_i \rightarrow P_n \rightarrow FU$	-0.24
		间接影响	$N \rightarrow POD \rightarrow MDA \rightarrow FU$	-0.16
	G_s	间接影响	$G_s \rightarrow T_r \rightarrow C_i \rightarrow P_n \rightarrow FU$	-0.34
	POD	间接影响	$POD \rightarrow MDA \rightarrow FU$	-0.23
	T_r	间接影响	$T_r \rightarrow C_i \rightarrow P_n \rightarrow FU$	-0.39
	MDA	直接影响	$MDA \rightarrow FU$	0.53
	C_i	间接影响	$C_i \rightarrow P_n \rightarrow FU$	-0.51
	P_n	直接影响	$P_n \rightarrow FU$	-0.83

注：T 表示温度，L 表示光照时间，N 表示氮素。

11.2.2　展叶盛期响应增温和光照协同作用的生理生态机制

增温和光照时间协同作用下蒙古栎展叶盛期生理生态特征的路径分析表明(图 11.2)，增温和光照时间协同作用对蒙古栎展叶盛期生理生态机制的解释率为 83%。胞间 CO_2 浓度、脯氨酸和叶绿素含量无显著影响路径($P > 0.05$)。丙二醛含量和净光合速率是蒙古栎展叶盛期的直接影响因子，丙二醛含量的直接影响效应为 0.61，即丙二醛含量和蒙古栎展叶盛期的发生时间呈正相关，丙二醛含量的升高导致展叶盛期推迟。净光合速率对展叶盛期的影响效应为−0.87,即净光合速率和蒙古栎展叶盛期的发生时间呈负相关,净光合速率的升高促使展叶盛期提前。根据两者直接效应的大小表明,净光合速率是影响蒙古栎展叶盛期的主要生理生态因子。

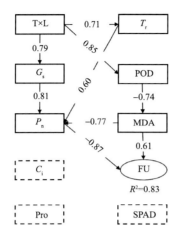

图 11.2　蒙古栎展叶盛期在增温和光照时间协同作用下的路径分析

　　增温和光照时间协同作用通过多种路径对蒙古栎展叶盛期产生显著影响($P<0.05$),且各路径产生的影响效应均为负,表明增温环境下,随着光照时间的延长,蒙古栎展叶盛期呈现提前趋势(表 11.3)。从影响效应上看,增温和光照时间协同作用通过气孔导度影响净光合速率,进而影响展叶盛期的效应最大,影响效应为−0.56。此外,气孔导度通过净光合速率对展叶盛期产生影响的效应为−0.70,为各生理生态因子对蒙古栎展叶盛期产生间接影响的最大值,表明蒙古栎展叶盛期在增温和光照时间协同作用主要受到气孔导度的限制作用。增温和光照时间协同作用通过生化指标对展叶盛期产生间接影响是由过氧化物酶为媒介实现的,表现为过氧化物酶活性的变化影响脯氨酸含量,脯氨酸含量既可直接影响展叶盛期(−0.38),也可再通过影响净光合速率实现对展叶盛期的影响(−0.42)。

表 11.3　蒙古栎展叶盛期在增温和光照时间协同作用下的路径分析

生理生态因子		影响路径	影响效应
T×L	间接影响	T×L→T_r→P_n→FU	−0.37
	间接影响	T×L →POD→MDA→P_n→FU	−0.42
	间接影响	T×L→POD→MDA→FU	−0.38
	间接影响	T×L →G_s→P_n→FU	−0.56
T_r	间接影响	T_r→P_n→FU	−0.52
G_s	间接影响	G_s→P_n→FU	−0.70
POD	间接影响	POD→MDA→P_n→FU	−0.50
	间接影响	POD→MDA→FU	−0.45
P_n	直接影响	P_n→FU	−0.87
MDA	直接影响	MDA→FU	0.61

11.2.3　展叶盛期响应增温和氮添加协同作用的生理生态机制

　　增温和氮添加协同作用下蒙古栎展叶盛期生理生态特征的路径分析表明(图 11.3)，增温和氮添加协同作用对蒙古栎展叶盛期生理生态机制的解释率为68%。丙二醛含量、胞间 CO_2 浓度和相对叶绿素含量无显著影响路径($P>0.05$)。蒸腾速率、脯氨酸含量和净光合速率是蒙古栎展叶盛期的直接影响因子。蒸腾速率和净光合速率的直接影响效应分别为 -0.75 和 -0.79，即蒸腾速率和净光合速率与蒙古栎展叶盛期的发生时间呈负相关，蒸腾速率或净光合速率的升高导致展叶盛期提前。脯氨酸含量对展叶盛期的影响效应为 0.62，表明脯氨酸含量和蒙古栎展叶盛期的发生时间呈正相关，脯氨酸的升高使展叶盛期推迟。根据三者直接效应的大小表明，净光合速率是影响蒙古栎展叶盛期的主要生理生态因子。

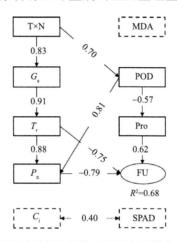

图 11.3　蒙古栎展叶盛期在增温和氮添加协同作用下的路径分析

　　增温和氮添加协同作用对蒙古栎展叶盛期的影响效应均为负值(表 11.4)，表明蒙古栎展叶盛期对增温和氮添加协同作用的响应方式为显著提前($P<0.05$)。在生化指标的影响路径中，过氧化物酶活性是响应增温和氮添加协同作用的直接生理因子，过氧化酶活性既可通过影响脯氨酸含量间接对展叶盛期产生影响，也可通过净光合速率产生间接作用，影响效应分别为 -0.25 和 -0.45。此外，增温和氮添加协同作用能够通过调控光合生理特征实现对展叶盛期的影响，气孔导度是其作用的直接生理因子，气孔导度则通过影响蒸腾速率使展叶盛期发生变化。蒸腾速率对展叶盛期的影响既存在直接作用，也存在间接作用，直接作用的影响效应为 -0.75，间接作用是通过净光合速率影响展叶盛期，间接效应为 -0.64。

表 11.4　蒙古栎展叶盛期在增温和氮添加协同作用下的路径分析

生理生态因子		影响路径	影响效应
T×N	间接影响	T×N→G_s→T_r→FU	-0.57
	间接影响	T×N→G_s→T_r→P_n→FU	-0.53
	间接影响	T×N→POD→Pro→FU	-0.25
	间接影响	T×N→POD→P_n→FU	-0.45
G_s	间接影响	G_s→T_r→FU	-0.71
	间接影响	G_s→T_r→P_n→FU	-0.63

生理生态因子	影响路径		影响效应
POD	间接影响	POD→Pro→FU	−0.35
	间接影响	POD→P_n→FU	−0.64
T_r	直接影响	T_r→FU	−0.75
	间接影响	T_r→P_n→FU	−0.70
Pro	直接影响	Pro→FU	0.62
P_n	间接影响	P_n→FU	−0.79

11.2.4　展叶盛期响应光照和氮添加协同作用的生理生态机制

　　光照时间和氮添加协同作用下蒙古栎展叶盛期生理生态特征的路径分析(图 11.4)表明，光照时间和氮添加协同作用影响蒙古栎展叶盛期生理生态机制的解释率为 55%。气孔导度、蒸腾速率、过氧化物酶活性和丙二醛含量均对展叶盛期无显著影响路径($P>0.05$)。相对叶绿素含量和净光合速率是蒙古栎展叶盛期的直接影响因子。相对叶绿素含量的直接影响效应为 0.39，即相对叶绿素含量和蒙古栎展叶盛期的发生时间呈正相关，相对叶绿素含量的升高导致展叶盛期推迟。净光合速率对展叶盛期的影响效应为 −0.44，表明净光合速率和蒙古栎展叶盛期的发生时间呈负相关，净光合速率的升高促使展叶盛期提前。分析相对叶绿素含量和净光合速率直接效应的大小表明，光照时间和氮添加协同作用下影响蒙古栎展叶盛期的主要生理生态因子为净光合速率。

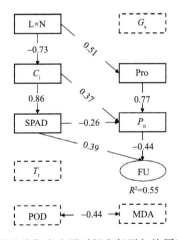

图 11.4　蒙古栎展叶盛期在光照时间和氮添加协同作用下的路径分析

　　光照时间和氮添加协同作用通过间接作用对蒙古栎展叶盛期的影响整体效应较小，且间接效应均为负值(表 11.5)。其中，光照时间和氮添加协同作用通过胞间 CO_2 浓度影响相对叶绿素含量，从而对展叶盛期影响的效应最大，影响效应为 −0.24，表明不同光照环境下，氮添加导致蒙古栎展叶盛期显著提前($P<0.05$)。此外，胞间 CO_2 浓度可以通过影响净光合速率对展叶盛期产生影响，影响效应为 −0.12。生化指标中，脯氨酸含量是光照时间和氮添加协同作用直接作用的生理因子，脯氨酸含量的变化通过影响净光合速率而对展叶盛期产生作用，影响

效应为－0.17。在对蒙古栎展叶盛期影响的间接作用中,胞间 CO_2 浓度和脯氨酸含量的影响最大,但影响方式不同。胞间 CO_2 浓度通过相对叶绿素含量对展叶盛期产生影响的效应为0.34,表明胞间 CO_2 浓度的升高推迟蒙古栎展叶盛期;脯氨酸含量通过净光合速率对展叶盛期产生影响的效应为－0.34,表明脯氨酸含量的升高促使蒙古栎展叶盛期提前。

表 11.5 蒙古栎展叶盛期在光照时间和氮添加协同作用下的路径分析

生理生态因子	影响路径		影响效应
$L \times N$	间接影响	$L \times N \rightarrow C_i \rightarrow SPAD \rightarrow P_n \rightarrow FU$	－0.07
	间接影响	$L \times N \rightarrow C_i \rightarrow SPAD \rightarrow FU$	－0.24
	间接影响	$L \times N \rightarrow C_i \rightarrow P_n \rightarrow FU$	－0.12
	间接影响	$L \times N \rightarrow Pro \rightarrow P_n \rightarrow FU$	－0.17
C_i	间接影响	$C_i \rightarrow SPAD \rightarrow P_n \rightarrow FU$	0.10
	间接影响	$C_i \rightarrow SPAD \rightarrow FU$	0.34
	间接影响	$C_i \rightarrow P_n \rightarrow FU$	0.16
Pro	间接影响	$Pro \rightarrow P_n \rightarrow FU$	－0.34
SPAD	间接影响	$SPAD \rightarrow P_n \rightarrow FU$	0.11
	直接影响	$SPAD \rightarrow FU$	0.39
P_n	直接影响	$P_n \rightarrow FU$	－0.44

11.2.5 展叶盛期响应增温、光照和氮添加协同作用的生理生态机制

增温、光照时间和氮添加协同作用下蒙古栎展叶盛期生理生态特征的路径分析(图 11.5)表明,增温、光照时间和氮添加协同作用对蒙古栎展叶盛期生理生态机制的解释率为84%。相对叶绿素含量、过氧化物酶活性和丙二醛含量均对展叶盛期无显著影响路径($P>0.05$)。胞间 CO_2 浓度和净光合速率是蒙古栎展叶盛期的直接影响因子。胞间 CO_2 浓度的直接影响效应为0.67,即胞间 CO_2 浓度和蒙古栎展叶盛期的发生时间呈正相关,胞间 CO_2 浓度升高导致展叶盛期推迟。净光合速率对展叶盛期的影响效应为－0.88,表明净光合速率和蒙古栎展叶盛期的发生时间呈负相关,净光合速率的升高促使展叶盛期提前。分析胞间 CO_2 浓度和净光

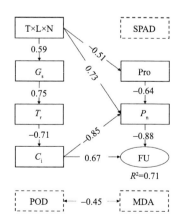

图 11.5 蒙古栎展叶盛期在增温、光照时间和氮添加协同作用下的路径分析

合速率直接效应的大小表明,增温、光照时间和氮添加协同作用下,净光合速率是导致蒙古栎展叶盛期变化的主要生理生态因子。

光合生理特征均对蒙古栎展叶盛期有显著影响,生化指标中仅过氧化物酶活性对展叶盛期影响显著($P<0.05$)(表 11.6)。增温、光照时间和氮添加协同作用通过各路径对展叶盛期的影响效应均为负,表明蒙古栎展叶盛期在增温、光照时间和氮添加协同作用下呈提前趋势。过氧化物酶活性和胞间 CO_2 浓度对展叶盛期的影响效应均为正,表明过氧化物酶活性和胞间 CO_2 浓度的升高导致展叶盛期推迟。此外,过氧化物酶活性和胞间 CO_2 浓度均通过净光合速率对展叶盛期产生间接影响,影响效应分别为 0.56 和 0.75。在增温、光照时间和氮添加协同作用影响展叶盛期的各路径中,通过净光合速率对展叶盛期产生影响的作用最大,影响效应为 −0.64。这表明,增温、光照时间和氮添加协同作用通过直接调控净光合速率对蒙古栎展叶盛期产生的影响最显著。

表 11.6　蒙古栎展叶盛期在增温、光照时间和氮添加协同作用下的路径分析

生理生态因子		影响路径	影响效应
$T \times L \times N$	间接影响	$T \times L \times N \rightarrow G_s \rightarrow T_r \rightarrow C_i \rightarrow P_n \rightarrow FU$	−0.26
	间接影响	$T \times L \times N \rightarrow G_s \rightarrow T_r \rightarrow C_i \rightarrow FU$	−0.21
	间接影响	$T \times L \times N \rightarrow POD \rightarrow P_n \rightarrow FU$	−0.29
	间接影响	$T \times L \times N \rightarrow P_n \rightarrow FU$	−0.64
G_s	间接影响	$G_s \rightarrow T_r \rightarrow C_i \rightarrow P_n \rightarrow FU$	−0.40
	间接影响	$G_s \rightarrow T_r \rightarrow C_i \rightarrow FU$	−0.36
POD	间接影响	$POD \rightarrow P_n \rightarrow FU$	0.56
T_r	间接影响	$T_r \rightarrow C_i \rightarrow P_n \rightarrow FU$	−0.53
	间接影响	$T_r \rightarrow C_i \rightarrow FU$	−0.46
P_n	直接影响	$P_n \rightarrow FU$	−0.88
C_i	直接影响	$C_i \rightarrow P_n \rightarrow FU$	0.75
	间接影响	$C_i \rightarrow FU$	0.67

综上所述,蒙古栎展叶盛期与生理生态特征的相关分析表明,蒙古栎展叶盛期与叶片的生理生态特征相关显著。展叶盛期与净光合速率在不同处理下的相关系数均在 0.5 以上,呈显著的负相关。温度、光照时间和氮添加主要通过对光合生理特征这一路径间接对展叶盛期产生影响,净光合速率是影响蒙古栎展叶盛期的最主要生理生态因子。净光合速率对展叶盛期具有负作用,即净光合速率升高导致展叶盛期提前。

第 12 章　森林植物叶片衰老的生理生态机制

植物物候对气候变化非常敏感,进而引起生态系统的结构和功能发生变化。秋季物候(即叶黄和叶落的时间)影响植物个体的繁殖,改变生长季长度,对生态系统净生产力和碳循环具有重要意义。相对于春季物候,秋季物候的变化对生态系统固碳的影响可能更大。然而,相对于春季物候,关于秋季物候变化及其机制的研究仍然十分缺乏。叶片衰老作为植物生长季的结束,对生态系统的结构与功能具有重要的影响。本章以典型森林植物叶片衰老物候为例,重点阐述蒙古栎和兴安落叶松叶片衰老的生理生态机制,增进对环境变化影响森林植物物候的理解,并为理解陆地生态系统结构与功能变化提供依据。

12.1　蒙古栎叶黄始期对温度、光周期及其协同作用的响应

蒙古栎幼苗叶黄始期为 223.0~248.0 d,光周期变化对叶黄始期有显著影响($P<0.01$),温度变化及其与光周期变化的协同作用影响均不显著。L1(长光周期,+4 h)、L2(对照)和 L3(短光周期,−4 h)处理下叶黄始期分别为 224.3 d、228.8 d 和 236.9 d。随着日照时数减少,叶黄始期不断推后(图 12.1)。相比于对照(L2),长光周期处理使叶黄始期提前 4.5 d,而短光周期处理使叶黄始期显著推后 8.1 d(图 12.1)。

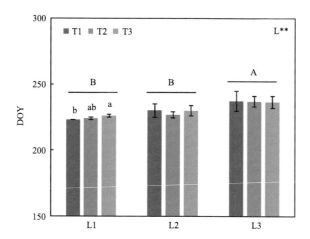

图 12.1　温度和光周期变化下蒙古栎幼苗叶片叶黄始期的变化(平均值±标准误差)($n=4$)
(T1—不增温,T2—增温 1.5 ℃,T3—增温 2.0 ℃;L1—18 h 光周期(长光周期),L2—14 h 光周期(对照),L3—10 h 光周期(短光周期);大写字母表示不同光周期处理间存在显著差异,小写字母表示不同温度处理间存在显著差异($P<0.05$)。* 和** 分别用于表示温度(T)和光周期(L)以及它们协同作用的差异显著性($P<0.05$,$P<0.01$))

12.2　兴安落叶松叶黄期对温度、光周期和氮添加协同作用的响应

按照《中国物候观测方法》，当针叶开始明显变黄时认为其到达叶黄始期；叶黄普期和完全变色期分别以 50% 叶子变色和所有的叶子完全变色作为判断标准。对物候变化较快的阶段（如叶黄普期—完全变色期）每天上午和下午各观测一次，物候变化较慢的阶段（如展叶始期—展叶盛期）每两天观测一次。

12.2.1　兴安落叶松叶黄始期对单环境因子变化的响应

兴安落叶松叶黄始期与温度和光周期均呈极显著的负相关（表 12.1），且与光周期相关更强，表明升温和光周期延长均使兴安落叶松叶黄始期显著提前。而兴安落叶松叶黄始期与氮添加相关不显著。

表 12.1　兴安落叶松叶黄始期与单环境因子的相关分析

环境因子	Pearson 相关分析		Spearman 相关分析		偏相关分析	
	相关系数	显著性	相关系数	显著性	相关系数	显著性
温度	−0.316**	0.000	−0.280**	0.001	−0.407**	0.000
光周期	−0.690**	0.000	−0.727**	0.000	−0.719**	0.000
氮添加	0.036	0.349	0.079	0.196	0.075	0.209

基于多元线性回归拟合的叶黄始期与温度（T）、光周期（L）、氮添加量（N）的多元回归多项式为 $Y=-0.294T-0.682L+0.050N$，其中除 N 因子外，其他因子回归系数显著水平均小于 0.01，模型 $R^2=0.565$，$F=50.245$，$P<0.001$。根据模型拟合的残差（图 12.2）可知，除个别数据外，残差均接近于 0，且残差的置信区间均包含 0 点，说明模型拟合效果较好。由此可知，光周期、升温和氮添加可解释叶黄始期变化的 56.5%。

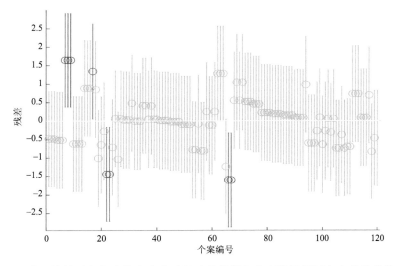

图 12.2　多元线性回归拟合的兴安落叶松叶黄始期与多环境因子回归方程的残差分布

　　回归关系的显著性达到极显著水平,且兴安落叶松叶黄始期对温度、光周期、氮添加各因子变化的响应关系与相关分析的结果一致,表明升温使兴安落叶松叶黄始期显著提前,光周期延长也使兴安落叶松叶黄始期显著提前,且兴安落叶松叶黄始期与光周期的相关更强;氮添加使兴安落叶松叶黄始期不显著推迟。

12.2.2　兴安落叶松叶黄始期对环境因子协同作用的响应

　　兴安落叶松叶黄始期对温度、光周期、氮添加协同作用的响应极显著(表12.2)。

表 12.2　兴安落叶松叶黄始期与多环境因子协同作用的三因素方差分析

差异源	平方和	df	均方	F	显著性
截距	6092452.081	1	6092452.081	1421572.152	0.000**
温度	845.466	2	422.733	98.638	0.000**
光周期	3427.863	2	1713.932	399.917	0.000**
氮添加	381.967	3	127.322	29.709	0.000**
温度×光周期	73.020	4	18.255	4.260	0.003**
温度×氮添加	581.440	6	96.907	22.612	0.000**
光周期×氮添加	592.369	6	98.728	23.037	0.000**
温度×光周期×氮添加	1558.336	12	129.861	30.301	0.000**
残差	360.000	84	4.286		

　　注:$R^2 = 0.955$,* 表示 $P < 0.05$,** 表示 $P < 0.01$。

　　光温协同作用对叶黄始期影响极显著(表12.3)。不同光周期下,升温使叶黄始期的提前程度不同,且在光周期 14 h 时最显著;不同温度下,光周期延长对叶黄始期的提前程度无显著差异,且均达到很显著水平。温氮协同作用对叶黄始期影响极显著。不同氮添加下,升温使叶黄始期的提前程度不同,且在施高氮[20 gN/(m² • a)]时最显著;不同温度下,氮添加使叶黄始期的推迟程度不同,且在升温 1.5 ℃ 时最显著。光氮协同作用对叶黄始期影响极显著。不同氮添加下,光周期延长对叶黄始期的提前程度不同,且在施低氮[5 gN/(m² • a)]或高氮[20 gN/(m² • a)]时最显著;不同光周期下,氮添加对叶黄始期的推迟程度不同,且在光周期 10 h 时最显著。光温氮协同作用对叶黄始期的影响达到极显著水平。

　　综上所述,升温、光周期和氮添加双因子协同作用对兴安落叶松叶黄始期影响极显著且存在极值。升温与光周期延长协同作用使叶黄始期提前,且在光周期 14 h 时最显著。光周期延长和氮添加协同作用使叶黄始期提前,且在施低氮[5 gN/(m² • a)]或高氮[20 gN/(m² • a)]、光周期 10 h 时最显著。升温与氮添加协同作用使叶黄始期提前,且在施高氮[20 gN/(m² • a)]、升温 1.5 ℃ 时最显著。升温、光周期和氮添加协同作用对叶黄始期影响极显著。

12.2.3　兴安落叶松叶黄普期对单环境因子的响应

　　兴安落叶松叶黄普期与温度和光周期均呈极显著的负相关(表12.3),且与光周期相关更强,表明升温和光周期延长均使兴安落叶松叶黄普期显著提前。兴安落叶松叶黄普期与氮添加呈较弱的正相关,表明氮添加使兴安落叶松叶黄普期不显著推迟。

表 12.3　兴安落叶松叶黄普期与单环境因子的相关分析

环境因子	Pearson 相关分析		Spearman 相关分析		偏相关分析	
	相关系数	显著性	相关系数	显著性	相关系数	显著性
温度	−0.189**	0.025	−0.250**	0.005	−0.189**	0.026
光周期	−0.674**	0.000	−0.680**	0.000	−0.672**	0.000
氮添加	0.128	0.094	0.154	0.056	0.117	0.117

基于多元线性回归拟合的叶黄普期与温度(T)、光周期(L)、氮添加量(N)的多元回归多项式为 $Y=-0.139T-0.657L+0.085N$，其中光周期的回归系数显著性小于 0.01，温度的回归系数显著性略小于 0.05，模型 $R^2=0.480$，$F=31.991$，$P<0.001$。

根据模型拟合残差(图 12.3)可知，除个别数据外，其余数据的残差均接近于 0，且残差的置信区间均包含 0，说明模型拟合效果较好。这表明，光周期、温度和氮添加量 3 个单因子的变化可解释叶黄普期变化的 48.0%。

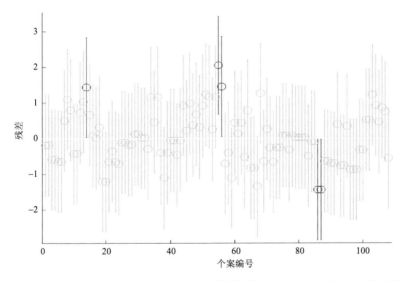

图 12.3　多元线性回归拟合的兴安落叶松叶黄普期与多环境因子回归方程的残差分布

回归关系的显著性达到极显著水平，且兴安落叶松叶黄普期对温度、光周期、氮添加各单因子的响应关系与相关分析的结果一致，表明升温使兴安落叶松叶黄普期显著提前，光周期延长使兴安落叶松叶黄普期显著提前，且兴安落叶松叶黄普期与光周期的相关更强；氮添加使兴安落叶松叶黄普期不显著推迟。

12.2.4　兴安落叶松叶黄普期对环境因子协同作用的响应

兴安落叶松叶黄普期对温度、光周期、氮添加协同作用的响应均极显著(表 12.4)。

光温协同作用对叶黄普期的影响极显著(表 12.4)。不同光周期下，升温对叶黄普期的提前程度不同，且在光周期 14 h 时最显著；不同温度下，光周期延长对叶黄普期的提前程度不同，且在升温 1.5 ℃时最显著。温氮协同作用对叶黄普期影响极显著。不同氮添加下，升温对叶黄普期的提前程度不同，且在施高氮[20 gN/(m² · a)]时最显著；不同温度下，氮添加对叶黄普期的推迟程度不同,且在升温 1.5 ℃时最显著。光氮协同作用对叶黄普期影响极显著。不同氮添加下,光周期延长对叶黄普期的提前程度不同,且在施低氮[5 gN/(m² · a)]时最显著;不同光周期下,氮添加对叶黄普期的推迟程度不同,且在光周期为 10 h 时最显著。光温氮协同作用对叶黄普期影响极显著。

表 12.4　兴安落叶松叶黄普期与多环境因子及协同作用的三因素方差分析

差异源	平方和	df	均方 e	F	显著性
截距	7692915.741	1	7692915.741	415391.488	0.000**
温度	610.349	2	305.174	16.478	0.000**
光周期	4330.086	2	2165.043	116.905	0.000**
氮添加	201.915	3	67.305	3.634	0.017*
温度×光周期	1420.506	4	355.126	19.176	0.000**
温度×氮添加	747.835	6	124.639	6.730	0.000**
光周期×氮添加	483.722	6	80.620	4.353	0.001**
温度×光周期×氮添加	986.301	12	82.192	4.438	0.000**
残差	1333.417	72	18.520		

注:$R^2 = 0.875$,* 表示 $P < 0.05$,** 表示 $P < 0.01$。

综上所述,增温、光周期和氮添加变化双因子协同作用对兴安落叶松叶黄普期影响极显著且存在极值。升温与光周期延长协同作用使叶黄普期提前,且在光周期 14 h、升温 1.5 ℃时最显著。光周期延长与氮添加协同作用使叶黄普期提前,且在施低氮[5 gN/(m² · a)]、光周期 10 h 时最显著。增温与氮添加协同作用使叶黄普期提前且在施高氮[20 gN/(m² · a)]、升温 1.5 ℃时最显著。温度、光周期和氮添加协同作用对叶黄普期影响极显著。

12.2.5　兴安落叶松完全变色期对单环境因子的响应

兴安落叶松完全变色期与温度呈较弱的正相关(表 12.5),增温使兴安落叶松完全变色期不显著推迟。兴安落叶松完全变色期与光周期呈极显著正相关,表明光周期延长使兴安落叶松完全变色期显著推迟。兴安落叶松完全变色期与氮添加相关不显著。

表 12.5　兴安落叶松完全变色期与单环境因子的相关分析

环境因子	Pearson 相关分析		Spearman 相关分析		偏相关分析	
	相关系数	显著性	相关系数	显著性	相关系数	显著性
温度	0.099	0.119	0.122	0.072	0.111	0.094
光周期	0.458**	0.000	0.441**	0.000	0.460**	0.000
氮添加	0.009	0.459	0.011	0.448	0.010	0.454

基于多元线性回归拟合的完全变色期与温度(T)、光周期(L)、氮添加量(N)的多元回归多项式为 $Y = 0.099T + 0.458L + 0.009N$,其中仅光周期的回归系数显著性小于 0.01,模型 $R^2 = 0.219$,$F = 13.119$,$P < 0.001$。

根据模型拟合的残差(图 12.4)可知,除个别数据外,其余数据的残差均接近 0,且残差的置信区间均包含 0,表明模型拟合效果较好。光周期、增温和氮添加量 3 个单因子的变化可解释完全变色期变化的 21.9%。

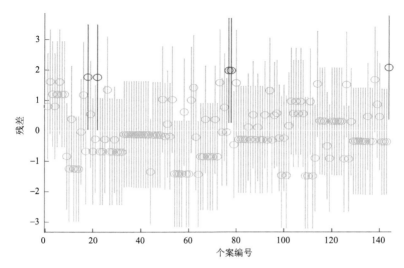

图 12.4　多元线性回归拟合的兴安落叶松完全变色期与多环境因子回归方程的残差分布

综上所述,升温使兴安落叶松完全变色期不显著推迟,光周期延长使兴安落叶松完全变色期显著推迟,氮添加使兴安落叶松完全变色期不显著推迟。

12.2.6　兴安落叶松完全变色期对环境因子协同作用的响应

兴安落叶松完全变色期对光周期变化的响应达极显著水平,对温度与氮添加协同作用的响应达到极显著水平,对其他因子协同作用的响应不显著(表 12.6)。

表 12.6　兴安落叶松完全变色期与多环境因子协同作用的三因素方差分析

差异源	平方和	df	均方	F	显著性
截距	13134584.028	1	13134584.028	3422280.036	0.000**
温度	9.389	2	4.694	1.223	0.298
光周期	183.181	2	91.590	23.864	0.000**
氮添加	0.750	3	0.250	0.065	0.978
温度×光周期	29.403	4	7.351	1.915	0.113
温度×氮添加	116.833	6	19.472	5.074	0.000**
光周期×氮添加	42.042	6	7.007	1.826	0.101
温度×光周期×氮添加	69.875	12	5.823	1.517	0.129
残差	414.500	108	3.838		

注:$R^2 = 0.521$,* 表示 $P < 0.05$,** 表示 $P < 0.01$。

光温协同作用对完全变色期影响不显著(表 12.6)。不同光周期下,增温对完全变色期均无显著影响;不同温度下,光周期延长对完全变色期的推迟程度不同,且在不增温时最显著。温氮协同作用对完全变色期影响较显著。不同氮添加下,升温对完全变色期的推迟程度不同,且在施中氮[10 gN/(m² · a)]时最显著;不同温度下,氮添加对完全变色期均无显著影响。光氮协同作用对完全变色期影响不显著。不同氮添加下,光周期延长对完全变色期的推迟程度不同,且在不添加氮时最显著;不同光周期下,氮添加对完全变色期影响均无显著影响。光温氮协同作用对完全变色期影响不显著。

综上所述,增温、光周期和氮添加及其协同作用影响兴安落叶松幼苗叶黄期,升温对兴安落叶松叶黄期的影响较显著,升温使兴安落叶松叶黄始期和叶黄普期显著提前,对完全变色期不显著推迟。光周期变化对兴安落叶松叶黄期的影响极显著,光周期延长使兴安落叶松叶黄始期和叶黄普期显著提前,并使完全变色期显著推迟。氮添加对兴安落叶松叶黄期影响不显著,氮添加使各叶黄期不显著推迟。升温、光周期和氮添加双因子协同作用对叶黄始期和叶黄普期的影响均极显著且均存在极值,但对完全变色期的影响均不显著。增温与光周期延长协同作用使叶黄始期和叶黄普期提前,且在增温 1.5 ℃、光周期 14 h 时最显著。光周期延长与氮添加协同作用使叶黄始期和叶黄普期提前,且在施低氮[5 gN/(m² · a)]、光周期 10 h 时最显著。升温与氮添加协同作用使叶黄始期和叶黄普期提前,且在施高氮[20 gN/(m² · a)]、增温 1.5 ℃时最显著。增温、光周期和氮添加协同作用对叶黄始期和叶黄普期影响极显著,但对完全变色期的影响不显著。这表明,增温、光周期延长和氮添加将延长兴安落叶松叶黄期持续时间,延长植物固碳时间。研究结果可为物候模型发展以及森林生态系统碳估算提供依据。

12.3 蒙古栎不同时期叶片光合生理参数对温度和光周期的响应

光周期变化从 7 月开始对蒙古栎幼苗的净光合速率(P_n)有显著影响($P<0.05$),并且在 8 月初达到极显著水平($P<0.01$)(表 12.7、图 12.5)。另外,光周期变化对不同时期的蒸腾速率(T_r)、气孔导度(G_s)(除 5 月以外)均有显著影响,并且在 8 月均达到极显著水平($P<0.01$)(表 12.7)。光周期变化对胞间 CO_2 浓度(C_i)和胞间 CO_2 浓度与大气 CO_2 浓度比(C_i/C_a)仅在 5 月有极显著($P<0.01$)影响(表 12.7)。温度变化对 5 月的光合参数包括 P_n、G_s 及 T_r 有显著影响,对 6 月的 G_s 和 T_r 有显著影响,对 7 月的 P_n 和 T_r 影响显著(表 12.7)。温度与光周期变化的协同作用分别对叶黄始期的 P_n,6 月的 G_s 和 T_r,以及 7 月的 T_r 影响显著(表 12.7)。

表 12.7 光周期(L)和温度(T)变化及其协同作用对不同时期蒙古栎幼苗光合生理参数的影响

	月份	L			T			L × T		
		df	F	P	df	F	P	df	F	P
P_n	5	2	0.49	0.62	2	4.24	**<0.05**	4	0.33	0.86
	6	2	2.52	0.14	2	2.58	0.13	4	1.54	0.27
	7	2	3.86	**<0.05**	2	5.23	**<0.05**	4	2.44	0.10
	8	2	33.39	**<0.01**	2	1.26	0.31	4	1.51	0.25
	LCO	2	4.19	**<0.05**	2	1.84	0.20	4	4.06	**<0.05**
G_s	5	2	1.07	0.36	2	8.45	**<0.01**	4	1.04	0.42
	6	2	7.74	**<0.05**	2	9.23	**<0.01**	4	4.79	**<0.05**
	7	2	4.96	**<0.05**	2	2.53	0.12	4	1.85	0.18
	8	2	23.86	**<0.01**	2	0.11	0.90	4	1.30	0.32
	LCO	2	4.13	**<0.05**	2	1.24	0.32	4	2.62	0.09

续表

	月份	L			T			L × T		
		df	F	P	df	F	P	df	F	P
C_i	5	2	9.53	**<0.01**	2	3.36	0.06	4	0.45	0.77
	6	2	0.03	0.97	2	1.55	0.26	4	0.34	0.85
	7	2	2.97	0.08	2	1.71	0.22	4	3.02	0.05
	8	2	0.84	0.45	2	0.56	0.58	4	1.39	0.29
	LCO	2	0.38	0.69	2	0.06	0.94	4	0.16	0.95
C_i/C_a	5	2	9.58	**<0.01**	2	3.45	0.06	4	0.45	0.77
	6	2	0.05	0.95	2	1.67	0.24	4	0.37	0.82
	7	2	2.94	0.09	2	1.69	0.22	4	3.02	0.06
	8	2	0.82	0.46	2	0.50	0.62	4	1.40	0.28
	LCO	2	0.40	0.68	2	0.05	0.95	4	0.15	0.96
T_r	5	2	4.84	**<0.05**	2	13.18	**<0.01**	4	2.30	0.10
	6	2	22.35	**<0.01**	2	15.48	**<0.01**	4	7.49	**<0.01**
	7	2	11.66	**<0.01**	2	4.37	**<0.05**	4	3.74	**<0.05**
	8	2	18.88	**<0.01**	2	0.07	0.93	4	1.48	0.26
	LCO	2	5.31	**<0.05**	2	1.01	0.39	4	1.94	0.17

注：L 表示光周期，T 表示温度，P_n 表示净光合速率，G_s 表示气孔导度率，C_i 表示胞间 CO_2 浓度，C_i/C_a 表示胞间 CO_2 浓度与大气 CO_2 浓度比，T_r 表示蒸腾速率，LCO 表示叶黄始期。黑色加粗字体表示差异显著（$P<0.05$）或极显著（$P<0.01$）。

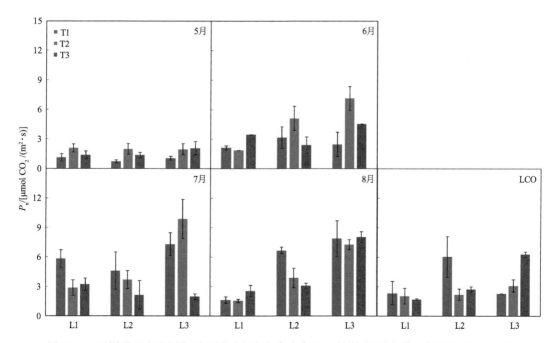

图 12.5　不同增温和光周期对不同时段净光合速率（P_n）的影响（平均值±标准误差）（$n=3$）

12.4　蒙古栎叶黄始期变化的生理生态机制

　　蒙古栎幼苗各个时期 P_n 均随叶黄始期的推后而增大(图 12.6),仅 8 月初(临近叶黄始期) P_n 与叶黄始期有显著的相关($P<0.01$)。在叶黄始期(LCO)附近,光周期变化显著改变 Rubisco 羧化速率(V_{cmax})和最大电子传递速率(J_{max}),而温度变化及其与光周期的协同作用没有显著影响($P<0.05$,表 12.8)。叶片叶绿素含量和水分含量对光周期、温度变化或其协同作用均无显著响应(表 12.8)。

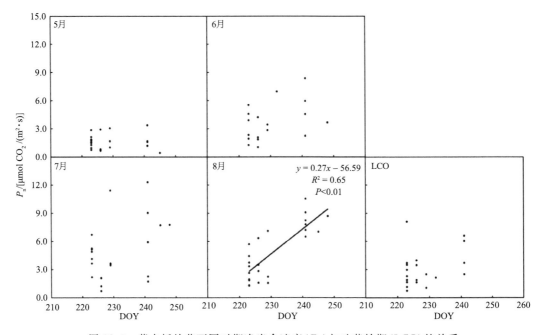

图 12.6　蒙古栎幼苗不同时期净光合速率(P_n)与叶黄始期(LCO)的关系

表 12.8　光周期(L)、温度(T)变化及其协同作用对 8 月蒙古栎光合参数、叶绿素含量和叶片含水量的影响

	L			T			L×T		
	df	F	P	df	F	P	df	F	P
V_{cmax}	2	5.15	**<0.05**	2	0.82	0.46	4	0.98	0.45
J_{max}	2	5.30	**<0.05**	2	0.93	0.42	4	0.03	1.00
Chl	2	1.26	0.31	2	0.37	0.70	4	0.35	0.84
LWC	2	2.74	0.09	2	1.97	0.17	4	0.37	0.83

　　注: V_{cmax} 和 J_{max} 分别代表 Rubisco 羧化速率和最大电子传递速率。Chl 表示叶绿素含量。LWC 表示叶片含水量。黑色加粗字体表示差异显著($P<0.05$)或极显著($P<0.01$)。

　　基于结构方程模型对温度和光周期变化通过光合作用影响叶黄始期的机制分析表明,温度变化并没有显著影响叶片光合参数及叶黄始期,而光周期变化对叶片的 G_s、V_{cmax} 和 J_{max} 均有显著的直接影响,且主要通过 G_s 间接调控 P_n,最终改变叶黄始期。模型可解释蒙古栎叶黄始期变化的 64%(图 12.7)。

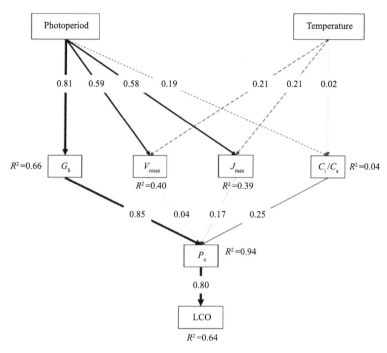

图 12.7　基于结构方程模型的光周期变化对蒙古栎幼苗叶黄始期影响途经

［模型的拟合结果为 $\chi^2 = 4.00, P = 0.95, \mathrm{df} = 10, n = 23, \mathrm{AIC} = 56.00, \mathrm{RMSEA} < 0.001$（$\chi^2$ 检验中较高的 P 值表明模型与数据拟合程度较好）。方框内代表了模型中的变量。黑色和红色箭头分别代表正相关路径和负相关路径，箭头粗细代表相关性的强度。实线和虚线分别代表显著（$P < 0.05$）和不显著的途径（$P > 0.05$）。箭头旁边的数字代表标准化的参数。响应变量旁的 R^2 值表明该变量的变化被其他变量解释的比例］

　　叶片衰老对陆地生态系统碳循环和水循环都至关重要，然而目前物候模型对秋季物候的预测仍然不准确。综上所述，光周期是调控蒙古栎幼苗叶黄始期的主要因素，而不是温度及其与光周期的协同作用。长期的短日照处理使得蒙古栎幼苗叶黄始期显著推迟，长日照处理则使其显著提前，且短日照处理具有更高的 P_n，尤其在临近叶黄始期时显著高于其他两个处理。这进一步支持了叶片衰老是植物养分储存与回收权衡的观点，即短日照处理的蒙古栎通过推后叶黄始期延长光合时间和提高 P_n 来弥补日常光照时间的短缺，在叶片衰老前最大程度提高碳积累。进一步分析表明，蒙古栎幼苗叶黄始期与临近叶黄始期的净光合速率显著相关，即净光合速率是叶黄始期的决定因子，而光周期调控叶黄始期的途径主要是通过改变这一时期的 G_s 从而间接影响 P_n 实现。

第 13 章　　草原植物物候变化的光合生理生态机制

全球变暖背景下,北半球植物返青期提前、枯黄期推迟已被广泛报道。然而,在全球草原变暖背景下,许多草原物种的物候期呈现推迟趋势(Whittington et al.,2015)。干旱、半干旱区草原植物物候变化的方向和幅度存在较大空间差异(Kang et al.,2018),同时变暖导致草原植物物候较大的年际变化(Ganjurjav et al.,2020)。有研究表明,温度和降水格局是草原植物物候空间分异的关键控制因素(Ren et al.,2017)。气温升高导致返青期提前,而不同植被类型返青期与降水的关系不同(Tao et al.,2017)。前期温度升高导致返青期显著提前和枯黄期显著推迟,而前期降水对二者的影响较弱(Wang et al.,2019)。气温升高促进内蒙古典型草原相对湿润地区的植物返青提前,而降水对干旱地区植物返青期影响更为重要(Guo et al.,2017)。因此,研究植物物候变化的调控机制对物候准确预测及科学应对气候变化具有重要意义。然而,现有研究大多只关注物候变化与环境因子的关系,关于植物物候变化的生理生态机制仍然不清楚(包晓影 等,2017)。近来的研究(胡明新 等,2020)表明,物候变化与其净光合速率、蒸腾速率、气孔导度等光合生理生态因子密切相关,但仍缺乏植物物候对水热环境变化响应的光合生理生态机制研究。

克氏针茅草原是中国温带草原特有的草原群系,是典型草原的代表类型之一,在畜牧业生产中占有重要的地位。克氏针茅草原生态系统脆弱,植物物候已经受到气候变化的显著影响。因此,本章试图以克氏针茅为例,利用增温与控水相结合的原位控制试验资料,分析研究克氏针茅物候对变暖和水分变化的响应及其光合生理生态机制,增进对草原物候响应环境变化的理解,并为草原植物物候模型发展提供依据。

13.1　克氏针茅物候对水热变化响应的模拟试验

试验于 2019—2022 年 3—11 月在中国气象局内蒙古锡林浩特国家气候观象台实施。以克氏针茅为试验对象,采用红外线辐射增温与控水相结合的原位控制试验方案。在气候变化背景下,内蒙古地区年均气温显著上升,但年降水量变率大,变化趋势不显著,该地区未来暖湿化与暖干化均有可能发生。因此,基于锡林浩特地区的自然气温和降水,共设置 5 个水热协同处理(表 13.1),分别为 T0W0 处理(对照)、T+1.5 W−50% 处理(增温 1.5 ℃、减水 50%)、T+2 W−50% 处理(增温 2 ℃、减水 50%)、T+1.5 W+50% 处理(增温 1.5 ℃、增水 50%)和T+2 W+50% 处理(增温 2 ℃、增水 50%)。每组处理设置 4 个平行试验,共设置 20 个实验小区。实验小区为长 2 m、宽 2 m 的正方形(4 m²),正上方安装有 3 m×3 m 的遮雨棚,小区之间间隔为 2 m。小区四周还围有隔水铁板(高 0.3 m、深 1 m),减小地表和地下径流对试验控制的影响。

试验中的增温装置为长 1 m 的红外辐射灯管,平行地面悬挂于离地高度 2 m 的试验小区中心。不同增温处理的红外辐射灯管功率不同,T0、T+1.5 和 T+2 处理的红外辐射灯管功率分别为 0 W、800 W 和 1000 W。减水装置则为不同遮雨量的遮雨棚设计,采用纵向呈 120°夹角的 V 形透明亚克力板(透光率 95% 以上),由金属架支撑。根据降水量不同,采用不同比例组合的带孔遮雨板,即自然对照和 W−50%,分别采用 100% 和 50% 的带孔遮雨板,W+50% 处理采用 100% 带孔遮雨板且每次降水时将 W−50% 小区收集到的降水均匀浇灌到每个 W+50% 小区。组成遮雨棚的遮雨板分为带孔和不带孔两种类型。通过提高不带孔遮雨板的组合比例进行减水处理。对照处理(W0)和增水处理(W+50%)的遮雨棚全部由带孔遮雨板组成,减水处理(W−50%)的遮雨棚不带孔遮雨板组成比例为 50%。通过灌溉进行增水处理。每次降水后还需对增水处理小区(W+50%)进行灌溉处理,灌溉水为减水处理小区(W−50%)遮雨棚截留的降水(表 13.1、图 13.1)。

表 13.1　增温与水分处理方案

处理	增温处理	水分处理	
	红外灯管功率/W	带孔遮雨板比率/%	灌溉
T0W0	0	100	0
T+1.5 W−50%	800	50	0
T+2 W−50%	1000	50	0
T+1.5 W+50%	800	100	+50%
T+2 W+50%	1000	100	+50%

注:T0W0 表示对照处理,T+1.5 W−50% 表示增温 1.5 ℃、减水 50% 处理,T+2 W−50% 表示增温 2 ℃、减水 50% 处理,T+1.5 W+50% 表示增温 1.5 ℃、增水 50% 处理,T+2 W+50% 表示增温 2 ℃、增水 50% 处理。

图 13.1　试验小区实景照片

13.1.1　观测项目与方法

（1）物候观测

按照《农业气象观测规范》（国家气象局，1993），每日分别于上午和下午巡视各试验小区 1 次，并记录克氏针茅到达返青期、抽穗期和枯黄期等关键物候期的日期。通过儒略日换算方法，将物候观测记录转换为同年 1 月 1 日开始计算的日序（day of year，DOY）。返青期、抽穗期和枯黄期的判断标准如下：当小区中叶片恢复弹性、由黄转青的克氏针茅植物达到 50%，则判断为返青期；当小区中克氏针茅穗从叶鞘顶端或侧端露出的植株达到 50%，则判断为抽穗期；当小区中克氏针茅植株枯萎变色约占三分之二的植株达到 50%，则判断为枯黄期。

（2）土壤温度、湿度

各试验小区的土壤温度（T_{soil}，℃）和湿度（RH_{soil}，%）均采用 ECH2O 土壤温度、湿度检测系统自动观测，观测频率为每隔 30 min 一次。检测系统利用热敏电阻探头测定各小区 0～10 cm 的土壤温度，土壤湿度的观测则基于电容/频域技术，测量0～30 cm 每 10 cm 一层的土壤分层体积含水量。

（3）叶片光合生理生态参数

克氏针茅叶片光合生理生态参数的测量仪器为 LI-COR 公司生产的 Li-6400 便携式光合系统分析仪。分别于返青期、抽穗期和枯黄期测定克氏针茅叶片的净光合速率[P_n，$\mu mol/(m^2 \cdot s)$]、气孔导度[G_s，$mol/(m^2 \cdot s)$]和蒸腾速率[T_r，$mmol/(m^2 \cdot s)$]等光合生理生态参数。测定时间为 09 时 30 分至 11 时 30 分，天气条件需满足晴朗无风。每个小区选取的克氏针茅需到达所观测的物候期，并能代表该小区的整体状况。测定部位为叶片的中部，测定时需将克氏针茅叶片铺满 Li-6400 的叶室，叶片需保持平展且不能有重叠。测量时，空气流速设定为 300 mmol/s；叶室 CO_2 浓度（CO₂ R）控制为 400 $\mu mol/mol$。通过测定克氏针茅的光响应曲线确定不同物候期克氏针茅的饱和光强[返青期 1200 $\mu mol/(m^2 \cdot s)$、抽穗期 1500 $\mu mol/(m^2 \cdot s)$、枯黄期 2000 $\mu mol/(m^2 \cdot s)$]，依据饱和光强设定测量时的光照强度（PAR）。最后根据净光合速率和蒸腾速率计算克氏针茅叶片的水分利用效率（WUE＝P_n/T_r，mmol/mol）。

（4）CO_2 响应曲线的测定

利用 Li-6400 型便携式光合系统分析仪测定克氏针茅的 A/C_i 曲线，每个试验小区选择具有代表性并到达该物候期的 1 株克氏针茅，选取克氏针茅中间高度部位，将克氏针茅平铺、不重叠、充满叶室，通过安装高压浓缩 CO_2 小钢瓶，控制调节 CO_2 浓度为 0～1500 $\mu mol/mol$。使用接近叶片饱和光强的光照强度为测定光强[1500 $\mu mol/(m^2 \cdot s)$]，叶室温度为 25 ℃，空气流速为 300 mmol/s，CO_2 浓度梯度设为 400、300、200、100、0、200、400、600、800、900、1000、1500 和 2000 $\mu mol/mol$，测定时每一浓度停留 2～3 min，每处理测定 3 个重复小区。

$V_{c\,max}$ 反映了植物叶片的光合能力，在低 CO_2 浓度条件下，CO_2 是光合作用的限制因子；而 $J_{c\,max}$ 则与 RuBP 的再生能力相关，RuBP 再生能力受到限制，光合速率就不会随着 CO_2 浓度升高而升高。利用 Farquhar 等（1980）根据 Rubisco 在体外的动力学变化及光合作用中与 CO_2 和 O_2 浓度变化的相互关系提出的 C3 植物光合作用的生化模型[式（13.1）～（13.3）]，分别计算 RuBP 最大羧化速率（$V_{c\,max}$）和最大电子传递速率（J_{max}）。

低 CO_2 浓度下，光合速率主要受到 RuBP 碳羧化反应制约，此时光合速率（P_c）与胞间 CO_2 浓度（C_i）的关系为

$$P_c = \frac{V_{c\,\max}(C_i - \Gamma^*)}{C_i + K_c\left(1 + \dfrac{O}{K_o}\right)} \tag{13.1}$$

式中,$V_{c\,\max}$ 为 RuBP 最大羧化速率,K_c、K_o 分别为 Rubisco 的 CO_2、O_2 的 Michaelis-Menten 常数,O 为 O_2 浓度,Γ^* 为不考虑线粒体呼吸的 CO_2 补偿点。

高 CO_2 浓度下,光合速率(P_r)主要受 RuBP 再生反应的制约,此时光合速率(P_n)与胞间 CO_2 浓度(C_i)的关系为

$$P_r = \frac{J_{\max}(C_i - \Gamma^*)}{4C_i + 8\Gamma^*} \tag{13.2}$$

式中,$J_{\max}$ 为 RuBP 再生速率的最大值(表示最大电子传递速率)。而实际的光合速率为

$$P_n = \min\{P_c, P_r\} - R_d \tag{13.3}$$

式中,R_d 为暗呼吸速率。

K_c、K_o、Γ^* 的计算采用 Bernacchi 等(2001)通过试验获得的温度函数公式:

$$K_c = 404.9\exp\left[\frac{79430(T_k - 298)}{298RT_k}\right] \tag{13.4}$$

$$K_o = 278.4\exp\left[\frac{36380(T_k - 298)}{298RT_k}\right] \tag{13.5}$$

$$\Gamma^* = 42.75\exp\left[\frac{37380(T_k - 298)}{298RT_k}\right] \tag{13.6}$$

式中,T_k 为用开氏温标表示的叶片温度,R 为气体常数[8.314 J/(mol·K)]。

(5)克氏针茅干物质重测定

在每年克氏针茅返青期、抽穗期、开花期、结实期、枯黄始期,从每个处理的 4 个小区中随机选取 3 个小区,并从每个选取小区中随机选取 1 株长势良好且具有观测时期特征的植株,剪取其地上部分放入烘箱于 80 ℃烘干至少 48 h 至恒重后称重,得到干物质重。

13.1.2　试验小区水热处理效果

观测结果表明,生长季内各处理土壤温度均具有一致的波动变化,但不同处理间差异显著。平均土壤温度由高到低依次为 T+2 W−50%处理、T+1.5 W−50%处理、T+2 W+50%处理、T+1.5 W+50%处理和 T0W0 处理,分别为 14.94 ℃、14.68 ℃、14.47 ℃、14.12 ℃和13.75 ℃。与 T0W0 处理相比,增温 1.5 ℃处理土壤温度分别提高 0.93 ℃(T+1.5 W−50%)和 0.37 ℃(T+1.5 W+50%),增温 2 ℃处理分别提高 1.19 ℃(T+2 W−50%)和0.72 ℃(T+2 W+50%)。生长季内各处理土壤湿度也具有一致的波动趋势,不同处理间也呈现显著差异。平均土壤湿度由高到低依次为 T+1.5 W+50%处理(23.28%)、T+2 W+50%处理(20.64%)、T0W0 处理(18.58%)、T+1.5 W−50%处理(16.64%)和 T+2 W−50%处理(15.44%)。增水 50%处理土壤湿度分别提高 4.70 个百分点(T+1.5 W+50%)和2.06 个百分点(T+2 W+50%),减水 50%处理土壤湿度分别降低 1.94 个百分点(T+1.5 W−50%)和 3.14 个百分点(T+2 W−50%)。观测结果还表明,增温处理和水分处理存在显著的协同作用,在同样的增温处理下,与增水处理(W+50%)相比,减水处理(W−50%)下的试验小区土壤温度显著偏高;在同样的水分处理下,与增温 2 ℃处理(T+2)相比,增温 1.5 ℃处理(T+1.5)下试验小区土壤湿度显著偏高(图 13.2)。

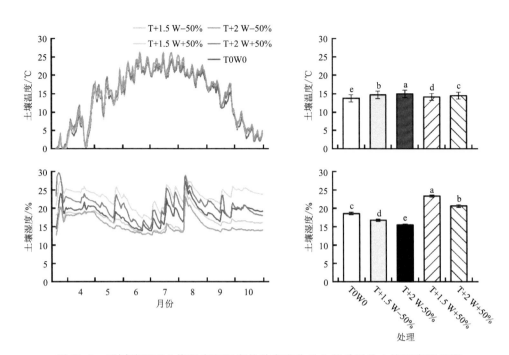

图 13.2　不同处理下土壤温度和湿度的动态变化及生长季平均土壤温度和湿度
（无相同字母表明不同处理间差异显著，$P<0.05$）

13.1.3　克氏针茅物候期变化

在不同水热处理下，克氏针茅到达返青期、抽穗期和枯黄期的时间存在显著差异（表13.2）。T+2 W−50％处理和 T+2 W+50％处理下的克氏针茅最先返青，约在第105 d；其次是 T+1.5 W−50％处理和 T+1.5 W+50％处理，在第106 d返青；对照处理返青最晚，于第108 d到达返青期。与对照处理相比，T+2 W−50％处理、T+2 W+50％处理、T+1.5 W−50％处理和 T+1.5 W+50％处理的返青期分别提前3.7 d、3.5 d、2 d和2 d。在抽穗期，增温增水处理（T+1.5 W+50％、T+2 W+50％）下克氏针茅最先抽穗，T+2 W+50％处理和 T+1.5 W+50％处理分别于第181 d和第183 d抽穗；随后增温减水处理（T+1.5 W−50％、T+2 W−50％）也到达抽穗期（T+2 W−50％处理第189 d，T+1.5 W−50％处理第190 d）；对照组则于约第194 d抽穗。与对照处理相比，T+2 W+50％处理、T+1.5 W+50％处理、T+2 W−50％处理、T+1.5 W−50％处理的抽穗期分别提前12.5 d、10.5 d、4.5 d和3.8 d。对于枯黄期，对照处理最早枯黄（第289 d），随后 T+1.5 W+50％处理（第295 d）、T+1.5 W−50％处理（第296 d）、T+2 W+50％处理（第296 d）、T+2 W−50％处理（第297 d）依次枯黄。与对照处理相比，T+1.5 W+50％处理、T+1.5 W−50％处理、T+2 W+50％处理、T+2 W−50％处理的枯黄期分别推迟6 d、6.3 d、7 d和7.7 d。增温和水分处理使克氏针茅的返青期提前、枯黄期推迟，与对照处理相比 T+1.5 W−50％处理、T+2 W−50％处理、T+1.5 W+50％处理和 T+2 W+50％处理的生育期分别延长8.3 d、11.4 d、9 d和10.5 d。

表 13.2　克氏针茅物候在不同水热处理下的变化(单位:d)

处理	返青期	抽穗期	枯黄期
T0W0	108.0±1.5^a	193.5±1.5^a	289.0±1.9^b
T+1.5 W−50%	106.0±1.5^{ab}	189.7±1.8^b	295.3±2.2^a
T+2 W−50%	104.3±1.7^b	189.0±2.2^b	296.7±2.2^a
T+1.5 W+50%	106.0±1.5^{ab}	183.0±2.2^c	295.0±1.9^a
T+2 W+50%	104.5±1.5^b	181.0±1.8^c	296.0±2.2^a

注:无相同字母表明不同水热处理间存在显著差异($P<0.05$)。

与对照处理相比,增温处理使克氏针茅的返青期和抽穗期提前、枯黄期推迟。但增温 1.5 ℃处理(T+1.5 W−50%、T+1.5 W+50%)和增温 2 ℃处理(T+2 W−50%、T+2 W+50%)差异不显著。方差分析表明(表 13.3),温度是影响克氏针茅返青期的主导因子,水分则是影响克氏针茅抽穗期的主导因子。在抽穗期,与增温减水处理(T+1.5 W−50%、T+2 W−50%)相比,增温增水处理(T+1.5 W+50%、T+2 W+50%)的抽穗期显著提前。水热协同作用对克氏针茅返青期、抽穗期、枯黄期的影响均显著。

表 13.3　克氏针茅物候变化的双因素方差分析(F 值)

因子	返青期	抽穗期	枯黄期
T	4.684*	3.673	1.4
W	0.013	77.731*	0.257
T×W	0.013	1.322	0.029

注:* 表示方差分析结果通过 0.05 水平显著性检验($P<0.05$),T 表示温度,W 表示水分。

13.2　克氏针茅光合生理生态特征变化

不同水热处理下,克氏针茅返青期、抽穗期和枯黄期的光合生理生态特征(净光合速率、蒸腾速率、气孔导度和水分利用效率)存在显著差异(图 13.3)。克氏针茅的净光合速率在返青期最高,抽穗期其次,枯黄期最低。克氏针茅返青期和抽穗期与对照处理相比,增温增水(T+1.5 W+50%、T+2 W+50%)处理的净光合速率显著升高($P<0.05$),枯黄期增温处理(T+1.5 W−50%、T+2 W−50%、T+1.5 W+50%、T+2 W+50%)的净光合速率均显著高于对照处理。

与净光合速率相同,蒸腾速率也呈现返青期、抽穗期、枯黄期依次递减的变化规律。返青期和抽穗期增温增水(T+1.5 W+50%、T+2 W+50%)处理下蒸腾速率显著升高($P<0.05$),而增温减水(T+1.5 W−50%、T+2 W−50%)处理下蒸腾速率显著降低。枯黄期只有 T+2 W+50%处理的蒸腾速率显著升高,其他处理间无显著差异。

气孔导度随物候期的变化规律也与净光合速率一致。返青期增温增水(T+1.5 W+50%、T+2 W+50%)处理克氏针茅的气孔导度显著升高。对于抽穗期,增温和水分协同作用 T+1.5 W+50%处理下克氏针茅气孔导度显著升高($P<0.05$)。

对于水分利用效率,在返青期和抽穗期,增温减水(T+1.5 W−50%、T+2 W−50%)处理均使水分利用效率显著升高（$P<0.05$），但与对照处理相比，增温增水（T+1.5 W+50%、T+2 W+50%）处理的水分利用效率无显著差异（$P>0.05$）。在枯黄期，增温处理（T+1.5 W−50%、T+2 W−50%、T+1.5 W+50%、T+2 W+50%）下克氏针茅的水分利用效率显著高于对照处理（$P<0.05$）。

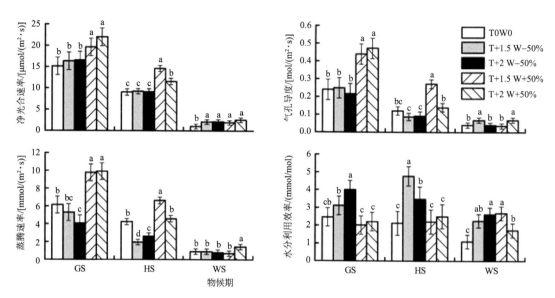

图 13.3　克氏针茅光合生理生态特征在不同物候期、不同水热处理下的变化

（无相同字母表明不同水热处理间存在显著差异（$P<0.05$）；GS—返青期，HS—抽穗期，WS—枯黄期）

　　方差分析结果（表 13.4）表明，不同物候期、不同水热处理下克氏针茅的蒸腾速率、气孔导度、水分利用效率及净光合速率均存在显著差异（$P<0.05$）。物候期以及水分是导致克氏针茅光合生理生态特征变化的主要影响因素。温度及温度与降水的协同作用对克氏针茅的光合生理生态特征无显著影响（$P>0.05$），但在温度和物候期的协同作用下，克氏针茅的光合生理生态特征存在显著差异（$P<0.05$）。

表 13.4　克氏针茅光合生理生态特征变化的双因素方差分析（F 值）

因子	净光合速率 $P_n/[\mu mol/(m^2 \cdot s)]$	气孔导度 $G_s/[mol/(m^2 \cdot s)]$	蒸腾速率 $T_r/[mmol/(m^2 \cdot s)]$	水分利用效率 WUE/(mmol/mol)
T	0.004	6.634*	5.116*	0.48
W	95.096*	196.024*	468.028*	83.892*
Ph	1171.317*	428.327*	756.328*	25.05*
T×W	0.007	0.033	0.328	0.328
T×Ph	8.924*	7.295*	5.583*	6.477*
W×Ph	21.719*	63.537*	112.919*	13.785*
T×W×Ph	7.305*	17.615*	23.401*	12.835*

注：Ph 表示物候期，* 表示方差分析结果通过 0.05 水平显著性检验（$P<0.05$）。

13.3 克氏针茅物候变化的光合生理生态机制

基于土壤温度和湿度数据、克氏针茅物候数据及克氏针茅光合生理生态特征数据,构建路径分析模型(图 13.4、表 13.5)。土壤温度和湿度、光合生理生态参数解释克氏针茅返青期变化的 95%。土壤温度是影响克氏针茅返青期的主导因子。土壤温度对物候的间接效应通过水分利用效率(WUE)—蒸腾速率及气孔导度—净光合速率两条路径间接作用于克氏针茅返青期。土壤温度对返青期物候的影响效应为 -0.191,表明温度的升高将促使克氏针茅的返青期提前。

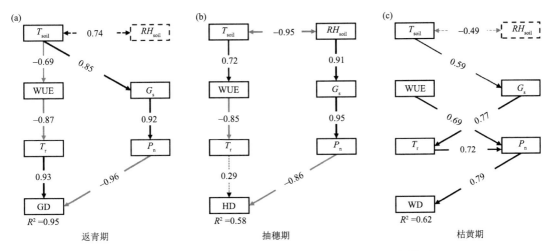

图 13.4 克氏针茅返青期、抽穗期和枯黄期的路径分析模型

(GD—返青期,HD—抽穗期,WD—枯黄期;——:$P<0.05$;- - -:$P>0.05$)

表 13.5 克氏针茅返青期、抽穗期和枯黄期的路径分析模型结果

物候	生理生态因子		影响路径	影响效应
	T_{soil}	间接影响	$T_{soil} \rightarrow WUE \rightarrow T_r \rightarrow Ph$	0.561
		间接影响	$T_{soil} \rightarrow G_s \rightarrow P_n \rightarrow Ph$	-0.752
	WUE	间接影响	$WUE \rightarrow T_r \rightarrow Ph$	-0.811
返青期	G_s	间接影响	$G_s \rightarrow P_n \rightarrow Ph$	-0.885
	T_r	直接影响	$T_r \rightarrow Ph$	0.933
	P_n	直接影响	$P_n \rightarrow Ph$	-0.961
	T_{soil}	间接影响	$T_{soil} \rightarrow WUE \rightarrow T_r \rightarrow Ph$	-0.181
	RH_{soil}	间接影响	$RH_{soil} \rightarrow G_s \rightarrow P_n \rightarrow Ph$	-0.750
	WUE	间接影响	$WUE \rightarrow T_r \rightarrow Ph$	-0.249
抽穗期	G_s	间接影响	$G_s \rightarrow P_n \rightarrow Ph$	-0.821
	T_r	直接影响	$T_r \rightarrow Ph$	0.295
	P_n	直接影响	$P_n \rightarrow Ph$	-0.864

续表

物候	生理生态因子		影响路径	影响效应
枯黄期	T_{soil}	间接影响	$T_{soil} \rightarrow G_s \rightarrow T_r \rightarrow P_n \rightarrow Ph$	0.256
	WUE	间接影响	$WUE \rightarrow P_n \rightarrow Ph$	0.434
	G_s	间接影响	$G_s \rightarrow T_r \rightarrow P_n \rightarrow Ph$	0.542
	T_r	间接影响	$T_r \rightarrow P_n \rightarrow Ph$	0.565
	P_n	直接影响	$P_n \rightarrow Ph$	0.790

对于抽穗期,路径分析模型的解释率为 58%。模型结果表明,土壤温度对物候的间接效应通过水分利用效率—蒸腾速率这一条路径传递;而土壤湿度对物候的间接效应则通过气孔导度—净光合速率传递。土壤温度和土壤湿度对抽穗期的影响效应分别为 -0.181 和 -0.750,土壤湿度是影响克氏针茅抽穗期的主导因子。温度升高及水分增加均将导致克氏针茅抽穗期提前。

枯黄期路径分析模型解释克氏针茅物候变化的 62%。模型指出,土壤温度对物候的间接效应通过气孔导度—蒸腾速率—净光合速率这一路径传递。土壤温度对枯黄期的影响效应为 0.256,温度的升高将导致克氏针茅的枯黄期推迟。

无论是克氏针茅的返青期、抽穗期或是枯黄期,净光合速率均是对物候直接影响最大的生理生态因子。净光合速率是影响克氏针茅物候变化的决策因子。净光合速率对克氏针茅返青期、抽穗期和枯黄期的直接效应分别为 -0.961、-0.864 和 0.790。对返青期和抽穗期,净光合速率的增大将导致克氏针茅的物候提前;而对枯黄期,净光合速率的增大反而会推迟克氏针茅物候的发生。

以克氏针茅枯黄始期为例,进一步分析光合能力对物候的影响。增温减水处理下 $V_{c\,max}$、J_{max} 均小于对照处理(图 13.5),而增温增水处理 $V_{c\,max}$、J_{max} 则高于对照处理,T+1.5 W+50% 处理下的 $V_{c\,max}$ 和 J_{max} 最大。这表明,增温减水处理对 $V_{c\,max}$、J_{max} 均具有抑制作用,增水处理对 $V_{c\,max}$、J_{max} 均具有一定的促进作用。到达枯黄盛期后,$V_{c\,max}$ 和 J_{max} 在各处理间差异较小,T+1.5 W+50% 处理 $V_{c\,max}$ 和 J_{max} 仍最大,而 T+2.0 W+50% 处理 J_{max} 显著小于其他处理。在枯黄末期,由于克氏针茅生命活力降低,$V_{c\,max}$、J_{max} 近乎为 0。

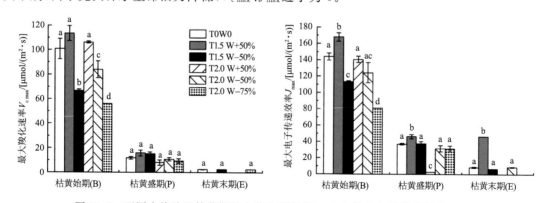

图 13.5　不同水热处理枯黄期最大羧化速率($V_{c\,max}$)和最大电子传递效率(J_{max})

克氏针茅的最大羧化速率($V_{c\,max}$)主要受降水和物候期及其交互作用的影响($P<0.01$)(表 13.6),而最大电子传递速率(J_{max})主要受温度、降水、物候期以及降水和物候期协同作用

的影响($P<0.01$)。

表 13.6 不同水热处理下克氏针茅枯黄期 $V_{c\,max}$ 和 J_{max} 三因素方差分析(F 值)

因子	$V_{c\,max}$	J_{max}
温度	0.26	17.19**
降水	17.18**	10.10**
物候期	386.67**	588.58**
温度×降水	3.80	23.06
温度×物候期	1.43	2.30
降水×物候期	18.49**	32.16**
温度×降水×物候期	2.20	0.00

分析克氏针茅枯黄期与光合生理特征的相关关系表明,除 T+1.5 W+50％下水分利用效率(WUE)与克氏针茅枯黄期不相关外,所有处理的生理生态因子均与枯黄期具有显著负相关(表 13.7),即克氏针茅光合能力的增强会使克氏针茅的枯黄期提前。

表 13.7 克氏针茅枯黄期与生理因子的相关系数

处理	P_n	G_s	T_r	WUE	$V_{c\,max}$	J_{max}
T0W0	−0.978**	−0.883**	−0.990**	−0.570**	−0.968**	−0.994**
T+1.5 W+50％	−0.982**	−0.907**	−0.970**	0.111	−0.977**	−0.977**
T+1.5 W−50％	−0.990**	−0.963**	−0.882**	−0.689**	−0.996**	−0.997**
T+2.0 W+50％	−0.986**	−0.917**	−0.925**	−0.964**	−0.999**	−0.999**
T+2.0 W−50％	−0.989**	−0.981**	−0.976**	−0.539**	−0.979**	−0.975**
T+2.0 W−75％	−0.956**	−0.920**	−0.970**	−0.811**	−0.997**	−0.988**

克氏针茅枯黄期对光合生理特征响应的通径分析表明,降水为影响克氏针茅枯黄期的主要因子(表 13.8)。因此,将 6 组处理划分为对照(T0W0)、湿热处理(T+1.5 W+50％、T+2.0 W+50％)、干热处理(T+1.5 W−50％、T+2.0 W−50％、T+2.0 W−75％),对克氏针茅枯黄期变化和光合生理特征因子响应进行通径分析。结果表明,对照和湿热处理下,克氏针茅枯黄期的直接影响因子为 $V_{c\,max}$ 和 J_{max}(表 13.9、表 13.10),而干热处理下的直接影响因子为 $V_{c\,max}$、G_s、WUE、J_{max}(表 13.11),表明物候对环境因子的响应模式发生了改变。具体来说,对照处理下,J_{max} 为直接作用最大的因子,直接通径系数为 −1.680,表明 J_{max} 减小导致物候期延迟。$V_{c\,max}$ 的直接通径系数为 0.694,但与枯黄期的相关系数为 −0.968,表明 $V_{c\,max}$ 是通过 J_{max} 对物候产生较大的负间接作用。湿热处理下,$V_{c\,max}$、J_{max} 的直接通径系数均为负,分别为 −0.621、−0.371,表明 $V_{c\,max}$ 和 J_{max} 降低使物候期延迟。

表 13.8 克氏针茅枯黄期双因素方差分析(F 值)

因子	枯黄始期	枯黄盛期	枯黄末期	枯黄期持续时间
温度	0.36	0.60	0	0.43
降水	25.86**	86.50**	0	30.90**
温度×降水	0.17	0.02	0	0.20

注:* 表示 $P<0.05$,** 表示 $P<0.01$。

根据决策系数将自变量对因变量的综合作用由大到小排序,排序最前的变量为主要决策变量,排序最后且决策系数为负值的变量为限制变量。影响克氏针茅枯黄期的生理生态因子决策系数排序为:对照 $RJ_{max}^2 > RV_{c\,max}^2$(表 13.9);湿热处理 $RV_{c\,max}^2 > RJ_{max}^2$(表 13.10);干热处理 $RV_{c\,max}^2 > RG_s^2 > RWUE^2 > RJ_{max}^2$(表 13.11)。因此,在对照处理下克氏针茅枯黄期的决策因子为 J_{max},限制因子为 $V_{c\,max}$。干热、湿热处理下枯黄期的主要决策因子均为 $V_{c\,max}$,干热处理下 J_{max} 为限制因子,湿热处理下无限制因子。

表 13.9　对照处理枯黄期与生理生态因子的通径分析

生理生态因子	相关系数	直接通径系数	间接通径系数			决策系数
			J_{max}	$V_{c\,max}$	合计	
J_{max}	−0.994	−1.680		0.686	0.686	0.517
$V_{c\,max}$	−0.968	0.694	−1.662		−1.662	−1.825

表 13.10　湿热处理枯黄期与生理生态因子的通径分析

生理生态因子	相关系数	直接通径系数	间接通径系数			决策系数
			$V_{c\,max}$	J_{max}	合计	
$V_{c\,max}$	−0.984	−0.621		−0.362	−0.362	0.835
J_{max}	−0.978	−0.371	−0.606		−0.606	0.587

表 13.11　干热处理枯黄期与生理生态因子的通径分析

生理生态因子	相关系数	直接通径系数	间接通径系数					决策系数
			$V_{c\,max}$	G_s	WUE	J_{max}	合计	
$V_{c\,max}$	−0.951	−0.778		−0.416	−0.073	0.314	−0.175	0.878
G_s	−0.942	−0.480	−0.682		−0.064	0.274	−0.472	0.684
WUE	−0.625	−0.125	−0.452	−0.245		0.197	−0.500	0.141
J_{max}	−0.941	0.318	−0.768	−0.414	−0.078		−1.260	−0.700

植物物候是植物适应气象条件周期性变化的结果,体现植物对气候资源的综合利用。植物净光合速率大小则反映了植物利用气候资源、固定光能速率的快慢。基于原位控制试验数据对变暖和水分变化情景下克氏针茅物候变化及其光合生理生态机制分析表明,温度升高是导致克氏针茅返青期和抽穗期提前、枯黄期推迟的主要原因,而水热协同作用则主要影响克氏针茅的抽穗期。温度升高及水分变化显著影响了各物候期克氏针茅的光合生理特征。在返青期和抽穗期,增温增水处理显著提高克氏针茅的净光合速率、气孔导度和蒸腾速率,而增温减水处理下水分利用效率显著升高。在枯黄期,增温处理显著提高了克氏针茅的净光合速率和水分利用效率,不同水分处理间净光合速率、气孔导度、蒸腾速率和水分利用效率的差异不显著。

在返青期,土壤温度通过水分利用效率—蒸腾速率及气孔导度—净光合速率两条路径,间接作用于克氏针茅物候。在抽穗期,土壤温度对植物物候的间接效应通过水分利用效率—蒸腾速率这一条路径传递;土壤湿度对植物物候的间接效应则通过气孔导度—净光合速率传递。

在枯黄期,土壤温度对物候的间接效应通过气孔导度—蒸腾速率—净光合速率这一路径传递。无论在返青期、抽穗期或是枯黄期,净光合速率均是对物候直接影响最大的生理生态因子。在返青期和抽穗期,净光合速率的增大将导致克氏针茅物候提前;而在枯黄期,净光合速率的增大反而会推迟克氏针茅物候的发生。克氏针茅物候与环境因子及其光合生理生态特征密切相关。净光合速率是植物物候变化的决策因子,温度和降水则是植物物候变化的限制因子。

克氏针茅枯黄期的光合生理机制因水热条件的不同而不同。当前环境条件下枯黄期的主要影响因子是 J_{max},主要限制因子是 $V_{c\,max}$;未来暖干和暖湿气候下枯黄期的主要影响因子均是 $V_{c\,max}$,但在暖干气候下的主要限制因子为 J_{max};而在暖湿气候下则无限制因子。这表明,克氏针茅枯黄期的变化取决于气候环境条件变化对其光合能力的影响。

第 14 章　克氏针茅叶片衰老对水热变化的响应机制

　　植物物候学是研究植物生命周期性事件以及这些事件的生物和非生物驱动因素的学科。植物物候决定了地表与大气的碳、水交换周期,在调节碳氮循环、水分平衡和能量交换等生态过程中发挥着重要作用,是气候变化可靠的生物学指标。尽管植物物候变化及其机制已经引起广泛关注,但是这些研究大都集中在春季物候。秋季物候由于其复杂性、多样性、地面观测记录不足等原因而被忽视。然而,越来越多的证据表明,秋季物候不但对植物生存和繁殖至关重要,而且对植物生长季长度、生态系统生产力和碳循环都有重大意义。因此,开展秋季物候及其变化机制的研究十分必要。本章以克氏针茅为例,基于 2019—2021 年克氏针茅物候对水热变化响应的原位模拟试验,阐明克氏针茅叶片衰老对温度和降水的响应机制。

14.1　克氏针茅叶片衰老对水热变化的响应

　　克氏针茅叶片衰老对降水年变化的响应显著,但增温对叶片衰老无显著影响(图 14.1)。相比于 2019 年,2020 年与 2021 年叶片衰老延后,2019 年、2020 年与 2021 年的叶片衰老日分别为 236.60 d、258.10 d 和 252.35 d。降水变化显著改变叶片衰老日,相比于 W0,W+50%处理使叶片衰老显著延后 5.96 d,而 W−50%使其提前 2.17 d。增温 1.5 ℃ 和 2 ℃ 均使叶片衰老推迟,但未达到显著水平。T0、T1.5、T2.0 处理的叶片衰老日分别为 247.50 d,249.25 d和 249.54 d。叶片衰老与生长季降水量呈显著正相关,而与生长季气温不存在显著相关关系(图 14.2)。

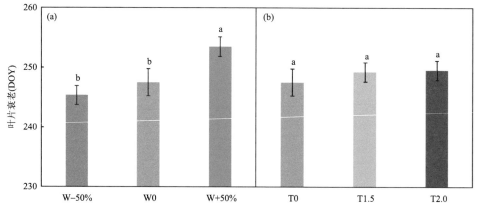

图 14.1　降水(a)和温度(b)处理对克氏针茅叶片衰老的影响(平均值±标准误差)

[W0 代表自然降水量,W+50%代表增加 50%降水量,W−50%代表减少降水量;T0 代表自然温度,
T1.5 代表增温 1.5 ℃,T2.0 代表增温 2.0 ℃。DOY 为儒略日日序,1 月 1 日为 1,依次向后。

小写字母表明不同降水和温度处理间存在差异显著(P<0.05)]

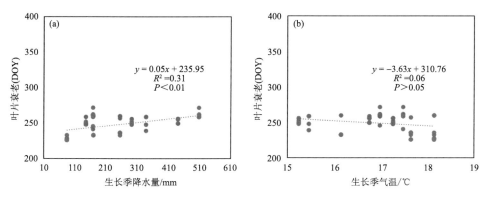

图 14.2　克氏针茅叶片衰老与生长季(5—11 月)降水量(a)、气温(b)的关系

14.2　克氏针茅叶片衰老的关键调控因子及其关键期

相关关系分析表明,各个时期的克氏针茅干物质重均与叶片衰老呈显著的正相关(表14.1),而且均与叶片衰老呈显著下凹增长的二项式曲线关系,其中结实期干物质重与叶片衰老日期相关最强(图 14.3)。

表 14.1　春季和夏季土壤含水量、土壤温度及克氏针茅各时期干物质重与叶片衰老的相关系数

	r	P		r	P
DM_g	0.01	<0.001	SWC_{sp}	0.18	0.161
DM_h	0.04	<0.01	SWC_{su}	0.40	<0.01
DM_f	0.56	<0.05	ST_{sp}	−0.69	<0.001
DM_s	0.52	<0.001	ST_{su}	−0.25	0.05
DM_w	0.51	<0.01			

注:r—相关系数,SWC_{sp}—春季土壤含水量,SWC_{su}—夏季土壤含水量,ST_{sp}—春季土壤温度,ST_{su}—夏季土壤温度,DM_x—x 时期干物质重(g—返青期,h—抽穗期,f—开花期,s—结实期,w—枯黄始期);黑色加粗字体表示显著性 $P<0.05$、$P<0.01$ 或 $P<0.001$。

由于 8 月末 9 月初克氏针茅已经开始衰老,因此,本研究只分析对叶片衰老可能有影响的春季(3—5 月)、夏季(6—8 月)和生长季(5—11 月)环境因子与叶片衰老的关系。结果表明,在春、夏和生长季的土壤含水量(SWC)与土壤温度(ST)中,夏季土壤含水量(SWC_{su})和生长季土壤含水量与叶片衰老呈显著的正相关,而春季土壤温度(ST_{sp})和生长季土壤温度与叶片变老呈显著的负相关($P<0.01$,表 14.1,图 14.4)。

这表明,克氏针茅生产力与叶片衰老并不存在线性负相关,而是下凹增长的非线性二项式曲线,表明生产力在一定范围内可以延缓叶片衰老,但生产力超过一定阈值后就会促使叶片衰老提前。研究还发现,与叶片衰老相关最强的并不是叶片衰老时的生产力(即生长季生产力),而是衰老前一个物候期即结实期的叶片生产力,表明生产力对叶片衰老的影响可能是滞后的。同时,克氏针茅生产力与叶片衰老的相关较弱,虽然对叶片衰老有一定的直接影响,但并不显著;并且增加生产力因子后,模型对叶片衰老的解释率并没有显著的提高。这说明,生产力并不是调控克氏针茅叶片衰老的主要因素。

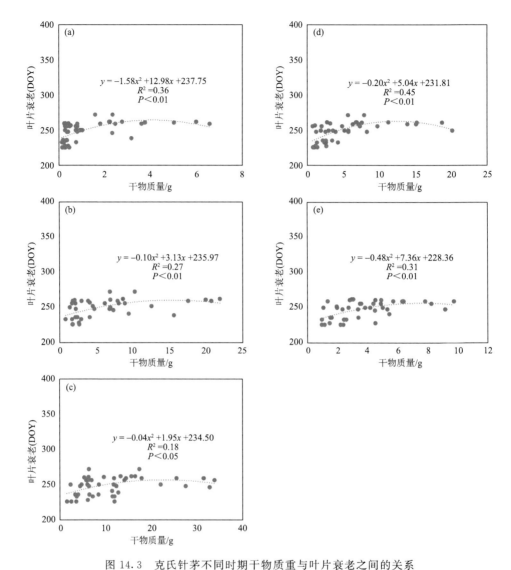

图 14.3　克氏针茅不同时期干物质重与叶片衰老之间的关系

(a)返青期干物质重;(b)抽穗期干物质重;(c)开花期干物质重;(d)结实期干物质重;(e)枯黄始期干物质重

14.3　克氏针茅叶片衰老的水热调控机制

结构方程模型分析表明,加入干物质重的结构方程模型可解释克氏针茅衰老的 59%,而未包含干物质重的模型可解释克氏针茅衰老的 56%。包括干物质重的结构方程模型结果表明,SWC_{su} 和干物质重对叶片衰老日期没有显著的直接影响。降水变化显著影响叶片衰老日期和 SWC_{su},其标准化通径系数分别为 0.34 和 0.52。ST_{sp} 与克氏针茅结实期干物质重(DM_s)、SWC_{su} 和叶片衰老日期存在显著的负相关,标准化通径系数分别为 -0.45、-0.50 和 -0.67(图 14.5a)。在不包含干物质重的结构方程模型中,降水量和 ST_{sp} 对 SWC_{su} 和叶片衰老日期有显著的直接影响。然而,SWC_{su} 对叶片衰老日期没有显著影响(图 14.5b)。两个结

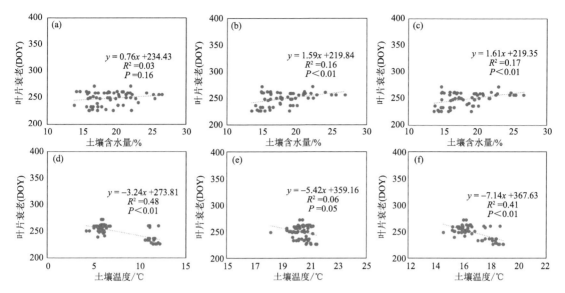

图 14.4　春、夏、生长季土壤含水量(a、b、c)和土壤温度(d、e、f)与克氏针茅叶片衰老的关系

构方程模型中,ST_{sp}均对叶片衰老有显著的直接负作用且作用最大,降水对叶片衰老有显著的直接影响,SWC_{su}对叶片衰老有不显著的直接影响(图 14.5)。叶片衰老与 SWC_{su} 和 ST_{sp} 显著相关表明,克氏针茅叶片衰老主要受环境因素调控,且这种调控存在滞后效应。

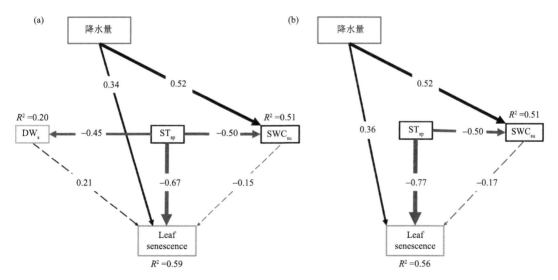

图 14.5　基于结构方程模型的环境因子和生产力影响克氏针茅叶片衰老的途径

[a. 包括生产力,b. 不包括生产力。包括生产力模型的拟合结果为 $\chi^2 = 0.29$,$P = 0.96$,df $= 3$,$n = 60$,AIC $=$ 34.29,RMSEA < 0.001。不包括生产力模型的拟合结果为 $\chi^2 = 0.01$,$P = 0.92$,df $= 1$,$n = 60$,AIC $= 26.01$,RMSEA < 0.001(χ^2 检验中较高的 P 值表明模型与数据拟合程度较好)。ST_{sp} 代表春季土壤温度,SWC_{su} 代表夏季土壤含水量;DM_s 代表结实期克氏针茅干物质重,方框内为模型中的变量。黑色和红色箭头分别代表正相关路径和负相关路径,箭头粗细代表相关性的强度。实线和虚线分别代表显著($P < 0.05$)和不显著的途径($P > 0.05$)。箭头旁边的数字代表标准化的参数。响应变量旁的 R^2 值表明该变量的变化被其他变量解释的比例]

　　综上所述,叶片衰老对生态系统碳、水循环都至关重要,然而目前模型对秋季物候的预测仍然不准。通过连续 3 年的野外原位试验对克氏针茅叶片衰老的关键控制因子和途径研究表明,降水变化对克氏针茅叶片衰老有显著影响,W+50% 处理使叶片衰老显著延后,而 W−50% 使其提前。克氏针茅各物候期干物质重与叶片衰老均呈显著的下凹增长的非线性二项式关系。叶片衰老与 SWC_{su}、ST_{sp} 存在显著的相关,说明 SWC 影响叶片衰老的关键时期是夏季,而 ST 是春季。另外,加入干物质重后模型对叶片衰老的解释率并没有显著提高,且干物质重对叶片衰老没有显著影响,表明生产力并不是调控克氏针茅叶片衰老的关键因子。包含和不包含干物质重的模型中叶片衰老都主要受降水和 ST_{sp} 的直接调控,说明叶片衰老主要由环境因素调控而不是生产力。

第 15 章　克氏针茅物候与生产力的关系

　　草原是全球分布最广的植被类型之一,占除格陵兰岛和南极洲以外陆地面积的 40.5%,在为人类提供资源、为动物提供饲料、维持全球生态系统稳定以及全球碳循环中发挥着重要作用。与森林生态系统相比,草原尤其是干旱和半干旱区草原对降水变化尤为敏感,对气候变化的响应更加复杂。内蒙古自治区具有中温带季风气候的典型特征,降水量小且分布不均匀,四季气温波动剧烈。自然条件恶劣、气候波动大以及社会和经济条件的复杂,使该地区对气候变化敏感。自 1970 年以来,全球地表温度的上升速度超过了过去 2000 年的任何其他 50 年。2011—2020 年全球地表温度比 1850—1900 年高 1.09 ℃。到 21 世纪中叶,全球地表温度将继续升高,从而将加强全球水循环(IPCC,2021),将不可避免地导致草原植物物候发生变化,进而影响草原生产力与固碳,并反馈给气候系统。因此,研究全球气候变化背景下干旱和半干旱草原物候的变化及其对生产力影响,对碳收支评估具有重要意义。

　　植物物候变化是生态系统生产力和固碳变化的主要原因之一。植物生长季长度(LOS)与年总初级生产力/净初级生产力呈显著负相关,LOS 延长 1 d,每年的总初级生产力增加 5.8 gC/(m² • d),净初级生产力增加 2.8 gC/(m² • d)(Piao et al.,2007)。常绿针叶林的净生态系统交换对 LOS 的敏感度为 3.4 gC/(m² • d),落叶阔叶林的净生态系统交换敏感感度较高,为 5.8 gC/(m² • d),草原/农田的净生态系统交换对 LOS 最敏感[7.9 gC/(m² • d)](Churkina et al.,2005)。一方面,生长季开始(SOS)提前可能会导致叶面积更大,从而增强光截获和冠层光合潜力;另一方面,SOS 提前可能会增加蒸腾速率,减少夏季土壤中的水分,降低夏季和年生产力。同时,在凉爽、干燥的秋季,叶片提前衰老,新鲜凋落物的分解可能会受到抑制,从而将导致活性碳的短暂沉降,可能在次年春季融雪后快速呼吸。特别是,后一种情况将直接导致秋季碳固定净额的增加,但由于滞后效应,这将被第二年春季碳固定净值的减少所抵消(Richardson et al.,2010)。本章将以克氏针茅为例,基于 2019—2021 年克氏针茅物候对水热变化响应的原位模拟试验,阐明克氏针茅物候变化对生产力的影响与机制。

15.1　克氏针茅物候对水热变化的响应

　　年份对生长季始期(SOS)和营养生长长度(VGL)有显著影响,而降水、温度及其协同作用对它们没有显著影响。降水变化及其与气温协同作用对生长季末期(EOS)、生长季长度(LOS)和生殖生长长度(RGL)有显著影响,但单一温度对它们没有显著影响(表 15.1)。降水增加处理(T2 W+50% 和 T1.5 W+50%)显著延长 EOS 和 LOS(表 15.1、图 15.1)。T2 W+50% 和 T1.5 W+50% 的 EOS 分别比 T0W0 推迟 6.65 d 和 5.35 d(图 15.1b)。T2 W+50% 和 T1.5 W+50% 的 LOS 均比 T0W0 长 9.32 d(图 15.1c)。T0W0 的 VGL 显著高于 T1.5 W−50% 和 T2 W+50%,T0W0 的 RGL 显著短于 T1.5 W+50% 和 T2 W+50%

（图 15.1d、e）。

表 15.1　年（Y）、温度（T）和降水（W）变化对克氏针茅物候期的影响

	df	SOS		EOS		LOS		VGL		RGL	
		F	P	F	P	F	P	F	P	F	P
Y	2	64.24	<0.001	22.22	<0.001	20.84	<0.001	4.16	<0.05	19.64	<0.001
T	1	0.92	0.34	1.83	0.18	0.10	0.75	0.83	0.37	0.99	0.33
W	1	0.92	0.34	49.57	<0.001	29.38	<0.001	1.35	0.25	12.53	<0.001
Y×T	2	1.80	0.18	0.46	0.64	0.21	0.81	0.99	0.38	0.86	0.43
Y×W	2	0.83	0.44	36.99	<0.001	16.58	<0.001	1.19	0.32	6.76	<0.001
T×W	1	0.06	0.80	0.01	0.93	0.02	0.90	2.90	0.10	0.12	0.73
Y×T×W	2	0.23	0.80	0.26	0.77	0.03	0.98	2.56	0.09	2.16	0.13

注：SOS 代表生长季节始期，EOS 代表生长季节末期，LOS 代表生长季长度，VGL 表示营养生长长度，RGL 表示生殖生长长度；黑色加粗字体表示显著性 $P<0.05$。

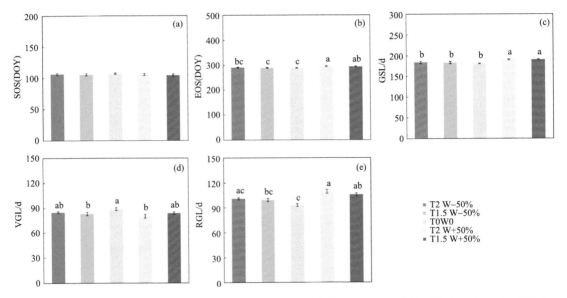

图 15.1　温度和降水处理对生长季始期（SOS）（a）、生长季末期（EOS）（b）、生长季长度（LOS）（c）、营养生长长度（VGL）（d）、生殖生长长度（RGL）（e）（平均值±标准误差）的影响［T0W0 表示环境温度和降水量；T1.5 W−50% 表示 1.5 ℃增温减少 50% 降水；T1.5 W+50% 表示 1.5 ℃增温增加 50% 降水；T2 W−50% 表示 2 ℃增温减少 50% 降水，T2 W+50% 表示 2 ℃增温增加 50% 降水；小写字母表示处理间差异显著（$P<0.05$）］

15.2　克氏针茅光合生产对水热变化的响应

15.2.1　叶片净光合速率对水热变化的响应

年份变化显著改变了除开花期外所有阶段的净光合速率（P_n）（表 15.2）。降水变化显著改变抽穗期的 P_n，T2 W−50% 处理抽穗期 P_n 显著低于其他处理（表 15.2、图 15.2）。年、温度和降水变化对开花期 P_n (P_{nf}) 的影响不显著, 但它们的协同作用影响显著 (表 15.2)。T2 W—50% 和 T1.5 W+50% 的 P_{nf} 显著高于 T0W0 和 T2 W+50% (图 15.2)。T0W0 处理结实期 P_n (P_{ns}) 显著低于其他处理 (图 15.2)。

表 15.2 年 (Y)、温度 (T) 和降水 (W) 变化对克氏针茅净光合速率 (P_n) 和干物质重的影响

	df	P_{nSOS}		P_{nh}		P_{nf}		P_{ns}		P_{nEOS}		DM	
		F	P	F	P	F	P	F	P	F	P	F	P
Y	2	6.82	<0.01	13.15	<0.001	1.21	0.31	17.54	<0.001	7.01	<0.01	7.70	<0.01
T	1	1.05	0.31	1.86	0.19	1.18	0.29	0.92	0.35	0.05	0.83	1.07	0.31
P	1	0.23	0.64	10.41	<0.01	0.13	0.72	0.24	0.63	0.64	0.43	1.18	0.29
Y×T	2	0.64	0.53	0.66	0.52	5.57	<0.01	2.79	0.08	0.02	0.98	0.08	0.93
Y×P	2	0.65	0.53	1.71	0.20	3.83	<0.05	3.23	0.06	0.02	0.98	0.19	0.83
T×P	1	2.01	0.17	0.13	0.73	18.67	<0.001	0.58	0.45	0.97	0.34	1.73	0.20
Y×T×P	2	0.23	0.80	0.33	0.72	10.41	<0.001	5.63	<0.05	1.32	0.27	1.90	0.17

注: P_{nSOS} 表示生长季始期 P_n, P_{nh} 表示抽穗期 P_n, P_{nf} 表示开花期 P_n, P_{ns} 表示结实期 P_n, P_{nEOS} 表示生长季末期 P_n, DM 表示干物质重; $P<0.05$ 的值用粗体表示。

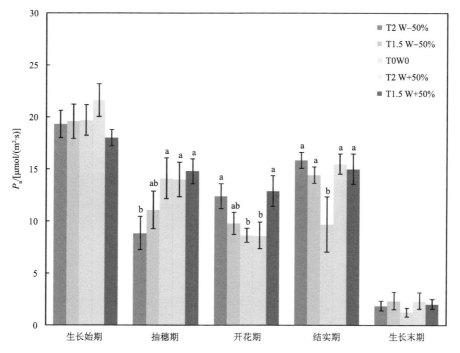

图 15.2 温度和降水处理对不同物候期净光合速率 (P_n) 的影响 (平均值±标准误差)

注: 小写字母表示处理间差异显著 ($P<0.05$)

15.2.2 克氏针茅干物质重对水热变化的响应

克氏针茅干物质重仅受年份的显著影响。所有处理的干物质重之间没有显著差异 (图 15.3)。T2 W—50%、T1.5 W—50%、T0W0、T2 W+50% 和 T1.5 W+50% 处理的干物质重分别为 2.83 g/株、3.00 g/株、3.73 g/株、4.40 g/株和 2.86 g/株。

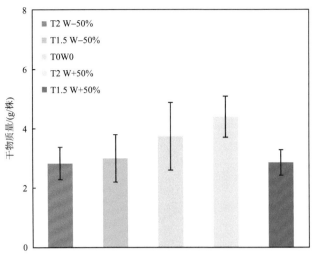

图 15.3　温度和降水处理对干物质重的影响(平均值±标准误差)

15.3　克氏针茅生产力的影响因素

通过建立结构方程模型(SEM)分析 SOS 和 EOS 对克氏针茅生产力的直接和间接影响,模型解释了克氏针茅干物质重总变异的 40%。SEM 模型的结果表明,SOS 和营养生长长度(VGL)与克氏针茅干物质重呈显著负相关,标准化通径系数分别为−0.35 和−0.41。温度、降水和 EOS 与干物质重没有显著的相关关系(图 15.4)。另外,温度和降水对 EOS 有显著的正影响,温度对 VBL 有显著的负影响。

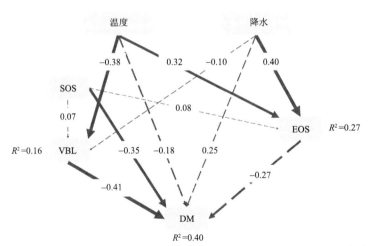

图 15.4　基于结构方程的生长季始期(SOS)和生长季末期(EOS)对克氏针茅生产力的影响途径
[模型的拟合结果为 $\chi^2=3.27$,df$=4$,$P=0.51$,AIC$=49.27$,RMSEA<0.001(χ^2 检验中较高的 P 值表明模型与数据拟合程度较好)。VGL 表示营养生长长度,DM 表示干物质重;方框内代表了模型中的变量;红色和蓝色箭头分别表示负相关和正相关,箭头粗细代表相关的强度;实线和虚线分别表示显著($P<0.05$)和不显著($P>0.05$)路径;箭头上的值表示标准化路径系数;响应变量旁的 R^2 值表明该变量的变化被其他变量解释的比例]

　　综上所述,降水、温度及其协同作用对生长季始期(SOS)和营养生长长度(VGL)没有显著影响。降水显著改变了生长季末期(EOS)和生长季长度(LOS)。T2 W+50％和 T1.5 W+50％处理分别使 EOS 显著延迟 6.65 d 和 5.35 d,LOS 显著延长 9.32 d。尽管在所有处理中,克氏针茅的干物质重没有显著变化,但 SOS 和 VGL 与干物质重具有显著的相关,表明 SOS 相对于 EOS 在调节克氏针茅生产力方面起更重要的作用。同时,SOS 对克氏针茅的生产力有显著的直接影响,而 EOS 对其无明显的直接影响,表明 SOS 对生产力变化的贡献大于 EOS。

第 16 章　植物物候变化对全气候生产要素的阈值响应

植物物候体现了植物对温度、降水、光照等环境条件季节性变化的适应,是气象条件综合作用的结果。然而,现有研究大都仅考虑单一或几个气象因子对植物物候的影响,关于植物物候对气象因子综合作用的响应及其机制仍不清楚。研究表明,植物光合作用是最主要的物候影响因子(胡明新 等,2020)。植物光合作用是环境因子与植物生态学特性相互作用的结果,包括了植物全气候生产要素的影响。物候变化的驱动因素包括环境(气候、土壤和生物)和管理措施(代武君 等,2020),其中气候是影响植物生长发育最重要的因素,是植物形态构建、生理生化变化的基础(Hossain et al. ,2012)。据此,选取决定植物光合作用的全气候生产要素是揭示植物物候响应环境变化的关键,也是明确植物物候触发阈值的关键。

气候生产潜力是指充分和合理利用当地的光、热、水气候资源,在其他条件(如土壤、养分、二氧化碳等)处于最适状况时,单位面积土地上可能获得的最高生物学产量或农业产量。气候生产潜力不仅反映影响植物生产的各气候环境因子(太阳辐射、温度和水分等)的综合作用,而且在植物生长全过程及其与环境相互作用的周期性变化中均确保影响因子的统一;同时,还包含生物因子(叶面积等)、环境因子及其相互作用的影响,并包含极端天气、气候事件的影响。因此,将气候生产潜力作为植物物候变化的驱动因子将避免现有模型存在的不足,从而实现物候的准确模拟。考虑到物候变化对气候资源的累积性、累积速度及其累积变异的要求,如春季物候与秋季物候存在突变性,可以采用累积气候生产潜力(自每年 1 月 1 日开始计算累积量)的突变(二阶导数)来反映,而对于春季物候和秋季物候的各物候期特征反映的资源累积性,可以采用累积气候生产潜力的变化速度(一阶导数)来反映。如此,利用物候观测相应的气象资料就可计算单位叶面积气候生产潜力(简称气候生产潜力)、累积单位叶面积气候生产潜力(简称累积气候生产潜力)及其一阶导数和二阶导数,分析相应物候期的对应值。基于多年的植物物候观测资料及气象资料,就可以给出春季(秋季)物候期以及春季物候和秋季物候之间的各物候期,与累积气候生产潜力及其一阶导数(气候资源累积速度)和二阶导数(气候资源累积速度突变)的关系,通常该关系呈线性,线性方程的常数值体现了所研究植物的生物学特性和环境的相互作用。

16.1　资料与方法

16.1.1　资料来源

研究资料来自于中国气象局内蒙古锡林浩特国家气候观象台和黑龙江省五营国家气候观象台。锡林浩特国家气候观象台位于内蒙古典型草原中部,气候类型为典型的温带半干旱气候,年均气温为 2 ℃,年均降水量为 260 mm,冬季寒冷干燥、夏季温暖湿润,太阳辐射较强。

物候资料来自于该观象台 1985 年建立的克氏针茅草原定位研究样地(44°08′03″N,116°19′43″E,海拔 990 m),样地地势平坦开阔,土壤类型主要为淡栗钙土,土壤腐殖质层较薄。优势物种为克氏针茅(*Stipa krylovii Roshev.*)和羊草(*Leymus chinensis*(*Trin.*)*Tzvel.*),重要伴生种包括细叶葱(*Allium tenuissimum Linn.*)、糙隐子草(*Cleistogenes squarrosa*(*Trin.*)*Keng*)、冷蒿(*Artemisia frigida Willd.*)、矮葱(*Allium amsopodium Ledeb.*)、木地肤(*Kochia prostrata*(*Linn.*)*Schrad.*)、黄蒿(*Artemisia scoparia Waldst. Et Kit.*)、阿尔泰狗娃花(*Heteropappus altaicus*(*Willd.*)*Novopokr.*)等。物候依据《中国物候观测方法》进行人工观测。物候数据涵盖 1985—2018 年的优势物种及伴生种的返青、展叶、抽穗、开花、结实和枯黄等关键生长时期。在此,选取克氏针茅的返青期、开花期和枯黄期进行研究。采用儒略日换算方法,将物候观测记录转换为同年 1 月 1 日开始计算的日序。气象资料包括 1985—2018 年的逐日气温(℃)、降水量(mm)、日照时数(h)、平均气压(hPa)、10 m 风速(m/s)和平均相对湿度(%)。

　　五营国家气候观象台位于小兴安岭腹地,是典型的原始红松林代表区域,按照中国气候系统关键观测区的划分,属于东北森林与松嫩平原生态综合观测区。五营观象台由中国气象局于 2019 年 1 月批准,在原有国家级观测站基础上成立并开展建设,地理位置在黑龙江省伊春市东北部,小兴安岭南坡腹地,坐标为(48°07′N,129°14′E)。五营国家气象站始建于 1957 年,是国家一般气象站,1964 年成立省级林业气象试验站,1987 年升级成为国家一级林业气象试验站,2005 年建成了国家级森林生态监测站(中国气象局投资的 7 个生态站之一)。优势物种为兴安落叶松(*Larix gmelinii*)、红松(*Pinus koraiensis Sieb. et Zucc*)和红皮云杉(*Picea koraiensis Nakai*)。

16.1.2　研究方法

(1)气候倾向率

气候倾向率反映某地气象要素的变化趋势。X_i 为 1985—2018 年锡林浩特国家气候观象台某一气象要素值,T_i 为对应的年序,线性回归方程如下:

$$X_i = a + bT_i$$

式中,a 为回归常数,b 为回归系数,$b \times 10$ 即为气候倾向率。气候倾向率若为正,表示该要素呈上升趋势;若为负,则表示该要素呈下降趋势。

(2)气候生产潜力

气候生产潜力基于逐级订正法计算。逐级订正法首先基于植物生理机制和能量转化估算光合生产潜力,再对光合生产潜力进行温度订正和水分订正,从而得出光温生产潜力和气候生产潜力(姜会飞,2008)。

气候生产潜力是在 CO_2 浓度、土壤条件、种植技术等最适宜条件下由气象条件所决定的植物生育期间通过自身生物学特性将太阳辐射能转化为生物化学潜能的能力,能够定量描述某个地区植物可利用的气候资源。气候生产潜力是基于植物生育期间的气象条件计算得到,为获得某一物候阶段触发时的气候生产潜力,在此基于日尺度计算气候生产潜力。

光合生产潜力是植物生育期间温度、水分和土壤条件都处于最佳状态,由光合辐射所决定的最高产量,是植物产量的理论上限。植物生育期间的光合生产潜力计算如下:

$$YQ' = f(Q) \cdot Q$$
$$= \sum k\Omega\varepsilon\varphi(1-\alpha)(1-\beta)(1-\rho)(1-\gamma)(1\omega)(1-\eta)^{-1}(1-\xi)^{-1}sq^{-1}F(L)Q_i \quad (16.1)$$

式中，YQ' 为标准叶面积下植物生育期间的光合生产潜力（kg/hm^2），$f(Q)$ 为光合有效系数，Q 为太阳总辐射（MJ/m^2），$F(L)$ 为叶面积订正指数，Q_i 为日太阳辐射，其余参数意义详见表16.1（于沪宁，1985；侯光良 等，1985；郭建平 等，2002）。由于式(16.1)中除 Q 和 $F(L)$ 外均为植物生物学特征常数，而 $F(L)$ 是考虑整个生育期叶面积指数变化的修正值。考虑到物候的日时间尺度以及其对气候资源即气候生产潜力的响应强度，提出气候生产潜力势概念，即单位叶面积的气候生产潜力。由此，式(16.1)可得日尺度的植物光合生产潜力势（YQ）：

$$YQ = k\Omega\varepsilon\varphi(1-\alpha)(1-\beta)(1-\rho)(1-\gamma)(1-\omega)(1-\eta)^{-1}(1-\xi)^{-1}sq^{-1}Q_i \quad (16.2)$$

表 16.1　式(16.2)中各参数意义

参数	意义	取值
k	单位换算系数（MJ/m^2 或 $kJ/g^1{\rightarrow}kg/hm^2$）	10000
Ω	光合固定 CO_2 的能力	0.95
ε	光合辐射占总辐射比例	0.5
φ	光合作用量子效率	0.224
α	群体反射率	0.1
β	群体漏射率	0.04
ρ	非光合器官截留辐射比例	0.1
γ	光饱和限制	0.03
ω	呼吸消耗占光合产物比例	0.3
η	含水量（干草）	0.1
ξ	无机灰分比例	0.08
s	经济系数	0.65
q	单位干物质含热量（kJ/g）	17.77

日太阳辐射（Q_i）可用下式计算（翁笃鸣，1964）：

$$Q_i = Q_0(a + b\frac{n}{N}) \quad (16.3)$$

式中，Q_0 为天文辐射（MJ/m^2），n 和 N 分别为日实际日照时数(h)和最大可能日照时数(h)，a 和 b 是经验系数，分别取 0.29 和 0.557（王炳忠 等，1980）。Q_0 和 N 计算式如下：

$$Q_0 = (t_0 \cdot \frac{I_0}{\pi} \cdot d_r)(\omega\sin\varphi\sin\delta + \cos\varphi\cos\delta\sin\omega) \quad (16.4)$$

$$N = 24 \times \frac{\omega}{\pi} \quad (16.5)$$

式中，t_0 是以日为周期的时间（$t_0 = 24 \times 60$ min），I_0 是太阳常数 $[I_0 = 0.082 \text{ MJ}/(m^2 \cdot \text{min})]$，$\omega$ 是时角(rad)，φ 是地理纬度(rad)，δ 是太阳赤纬(rad)，d_r 是地球轨道偏心率订正系数。d_r、δ 和 ω 分别用下式计算：

$$d_r = 1 - 0.033\cos(\frac{2\pi}{365}J) \quad (16.6)$$

$$\delta = 0.409\sin(\frac{2\pi}{365}J - 1.39) \tag{16.7}$$

$$\omega = \cos^{-1}[-\tan\varphi\tan\delta] \tag{16.8}$$

式中,J 为当年 1 月 1 日开始计算的日序。

　　光温生产潜力是在水分、土壤、农业设施等条件最适宜时,受太阳总辐射和气温共同决定的产量上限。由此,日尺度的植物光温生产潜力势 YT 可用下式计算:

$$YT = YQ \cdot f(T) \tag{16.9}$$

式中,YT 为光温生产潜力势,YQ 为光合生产潜力势,$f(T)$ 为温度订正系数,具体计算如下:

$$f(T) = \begin{cases} 0 & T < T_{min}, T > T_{max} \\ \dfrac{T - T_{min}}{T_s - T_{min}} & T_{min} \leqslant T < T_s \\ \dfrac{T_{max} - T}{T_{max} - T_s} & T_s \leqslant T \leqslant T_{max} \end{cases} \tag{16.10}$$

式中,T 为日平均气温,T_{max} 为上限温度、T_s 为最适温度、T_{min} 为下限温度,在此分别取 35 ℃、20 ℃和 0 ℃(郭建平等,2002)。

　　气候生产潜力是在 CO_2、土壤条件、种植技术等方面最适宜时,受当地太阳辐射、温度和水分因素共同决定的产量上限。由此,日尺度的植物气候生产潜力势 YW 可用下式计算:

$$YW = YT \cdot f(w) \tag{16.11}$$

式中,YW 为气候生产潜力势,YT 为光温生产潜力势,$f(w)$ 为水分订正系数,可用下式计算:

$$f(w) = \begin{cases} 1 & VPD < VPD_{min} \\ \dfrac{VPD_{max} - VPD}{VPD_{max} - VPD_{min}} & VPD_{min} \leqslant VPD < VPD_{max} \\ 0 & VPD \geqslant VPD_{max} \end{cases} \tag{16.12}$$

$$VPD = 0.6108\exp\left[\frac{17.27T}{T + 237.3}\right](1 - RH) \tag{16.13}$$

式中,T 为日平均气温,RH 为相对湿度,VPD_{max} 和 VPD_{min} 分别取 3100 Pa 和 650 Pa(Kanniah et al.,2009)。

　　(3)Logistic 曲线拟合

　　基于日尺度的气候生产潜力势累计可以体现植物对气候资源的可利用程度,据此可分析植物物候与气候生产潜力的关系。为定量描述气候生产潜力势累积随时间的变化,在此采用 Logistic 曲线来模拟。基于 Logistic 曲线描述气候生产潜力势累积的变化趋势方程如下:

$$\frac{dY}{dt} = rN(\frac{K - Y}{Y}) \tag{16.14}$$

其积分形式为

$$Y = \frac{K}{1 + a\,e^{-rt}} \tag{16.15}$$

式中,$\dfrac{dY}{dt}$ 为瞬时增长率,K 为气候生产潜力势的理论上限,t 为时间,Y 为 t 时刻的气候生产潜力势累积值,a 为系数,r 为内禀增长率,是特定条件下的最大瞬时增长率。

16.2　克氏针茅草原气候与物候变化特征

16.2.1　气候变化趋势分析

1985—2018 年,内蒙古锡林浩特国家气候观象台的年平均气温呈上升趋势,年降水量和年日照时数均呈下降趋势(图 16.1)。1985—2018 年,该地区年均气温为 1.3～4.8 ℃,平均为 3.3 ℃,波动幅度为 3.5 ℃,呈显著升高趋势[0.40 ℃/(10 a),$P<0.01$]。12 月至翌年 1 月的

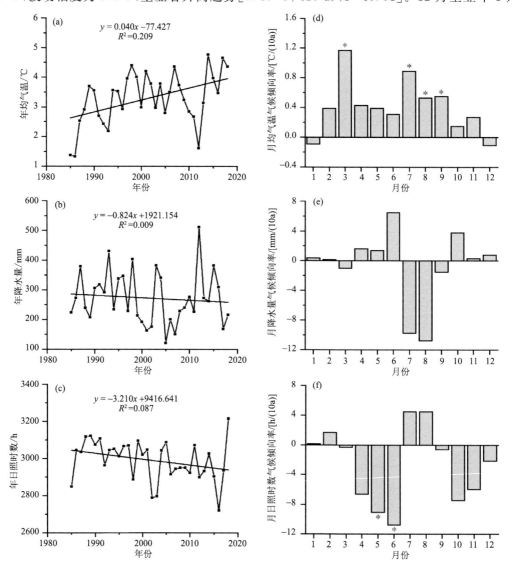

图 16.1　1985—2018 年中国气象局内蒙古锡林浩特国家观象台气象要素的时间变化趋势

[* 表示 1985—2018 年该要素变化趋势显著($P<0.05$)]

(a)年平均气温;(b)年降水量(c)年日照时数;(d)月平均气温趋势;(e)月降水量气候趋势;

(f)月日照时数气候趋势

平均气温呈下降趋势,但不显著,2—11月平均气温呈升高趋势,其中3月、7月、8月和9月平均气温的变化趋势达到显著性水平,分别为1.17 ℃/(10 a)($P<0.01$)、0.89 ℃/(10 a)($P<$ 0.005)、0.53 ℃/(10 a)($P<0.05$)、0.55 ℃/(10 a)($P<0.05$)。年降水量的年际变率大,为 121.1～511.7 mm,平均年降水量为272.4 mm,波动幅度为390.6 mm,呈下降趋势,但不显著 [-8.24 mm/(10 a),$P>0.05$]。年降水量的减少主要集中在夏季,7月和8月降水的气候倾向率分别为-9.73 mm/(10 a)($P>0.05$)和-10.76 mm/(10 a)($P>0.05$)。年日照时数为 2720.8～3215.8 h,平均为2991.9 h,波动幅度为495.0 h,呈现不显著的下降趋势[-32.10 h/ (10 a),$P>0.05$]。除1月、2月、7月和8月外,锡林浩特地区月平均日照时数均呈减少趋势, 其中5月和6月的变化趋势达到显著性水平,平均每10 a分别降低9.06 h($P<0.05$)和10.76 h ($P<0.05$)。

16.2.2　克氏针茅植物物候期变化趋势

1985—2018年内蒙古锡林浩特地区克氏针茅主要集中在4月中、下旬返青,最早返青年份为1993年,于4月2日返青,最晚返青年份为2009年,于5月7日返青(图16.2)。返青期呈显著推迟趋势,平均每10 a推迟5.4 d($P<0.005$)。抽穗期年际差异较大,7月上旬至9月中旬均有发生,最早与最晚抽穗期相差近3个月,抽穗期呈现提前趋势,但不显著,平均每10 a

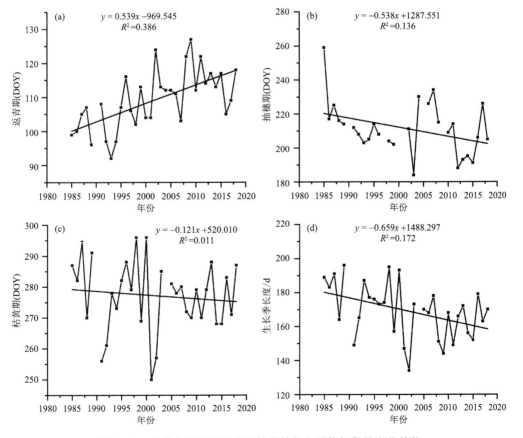

图16.2　内蒙古锡林浩特克氏针茅植物主要物候期的变化趋势
(a)返青期;(b)抽惠期;(c)枯黄期;(d)生长季长度

提前 5.4 d($P>0.05$)。9 月后克氏针茅逐渐进入枯黄期,主要集中在 9 月下旬和 10 月上旬,最晚于 10 月中旬枯黄(1987 年、1998 年和 2000 年)。枯黄期也呈弱提前趋势,平均每 10 a 提前 1.2 d($P>0.05$)。总体来说,返青期显著推迟和枯黄期提前,导致克氏针茅的生长季长度显著缩短,平均每 10 a 缩短 6.3 d($P<0.05$)。

16.3　克氏针茅物候对全气候生产要素的阈值响应

为了解克氏针茅气候生产潜力的变化特征与年际变化,表 16.2 给出了基于 Logistic 曲线拟合的 1985—2018 年气候生产潜力累积曲线。可以看到,1985—2018 年克氏针茅气候生产潜力累积曲线的决定系数均大于 0.996,反映克氏针茅气候生产潜力累积具有相同的年际变化规律。

表 16.2　基于 Logistic 曲线拟合的气候生产潜力累积曲线

年份	方程	决定系数(R^2)
1985	$72262.866/(1+548.623e^{-0.033t})$	0.998
1986	$74654.37/(1+824.629e^{-0.035t})$	0.999
1987	$74151.926/(1+514.25e^{-0.033t})$	0.998
1988	$69566.324/(1+531.187e^{-0.032t})$	0.998
1989	$75977.088/(1+359.302e^{-0.031t})$	0.998
1990	$77925.061/(1+433.181e^{-0.031t})$	0.999
1991	$74321.319/(1+684.216e^{-0.034t})$	0.999
1992	$75164.166/(1+639.736e^{-0.033t})$	0.999
1993	$78389.704/(1+657.65e^{-0.033t})$	0.998
1994	$74826.421/(1+330.43e^{-0.031t})$	0.998
1995	$72703.58/(1+693.954e^{-0.034t})$	0.998
1996	$74278.724/(1+581.662e^{-0.033t})$	0.998
1997	$66595.984/(1+357.171e^{-0.031t})$	0.998
1998	$80381.273/(1+247.249e^{-0.029t})$	0.998
1999	$71049.169/(1+321.777e^{-0.031t})$	0.997
2000	$68208.123/(1+300.816e^{-0.03t})$	0.996
2001	$70380.664/(1+346.159e^{-0.03t})$	0.998
2002	$71069.31/(1+413.602e^{-0.032t})$	0.998
2003	$72848.292/(1+451.606e^{-0.032t})$	0.998
2004	$74846.167/(1+351.334e^{-0.03t})$	0.998
2005	$73515.12/(1+417.551e^{-0.031t})$	0.998
2006	$71360.61/(1+445.391e^{-0.031t})$	0.998
2007	$68455.821/(1+335.983e^{-0.03t})$	0.997
2008	$71035.352/(1+323.441e^{-0.03t})$	0.998
2009	$73293.543/(1+348.71e^{-0.031t})$	0.998
2010	$67186.357/(1+505.09e^{-0.032t})$	0.996
2011	$70177.565/(1+495.677e^{-0.032t})$	0.999
2012	$74063.771/(1+401.423e^{-0.031t})$	0.998
2013	$71732.187/(1+610.204e^{-0.033t})$	0.998

续表

年份	方程	决定系数(R^2)
2014	$76911.24/(1+297.44e^{-0.03t})$	0.999
2015	$77103.121/(1+423.355e^{-0.031t})$	0.999
2016	$65493.882/(1+299.812e^{-0.03t})$	0.997
2017	$68765.746/(1+260.438e^{-0.029t})$	0.996
2018	$73684.145/(1+237.541e^{-0.029t})$	0.996

16.3.1 克氏针茅返青期与气候生产潜力的关系分析

分析克氏针茅返青期日序与气候生产潜力势及其速率和突变的关系(图 16.3)可知,克氏针茅返青期与气候生产潜力势及其速率及突变均呈现显著的正相关,相关系数分别为 0.817、0.907 和 0.928。其中,返青期日序与气候生产潜力势突变关系最好,表明气象条件的剧烈变化是触发草原植物春季物候的重要原因。基于克氏针茅植物返青期与气候生产潜力势突变关系可知,返青期的触发阈值取决于资源变化参数与生物学特征参数,即气候生产潜力势突变随日序变化的斜率(0.085)和截距(-5.363)。

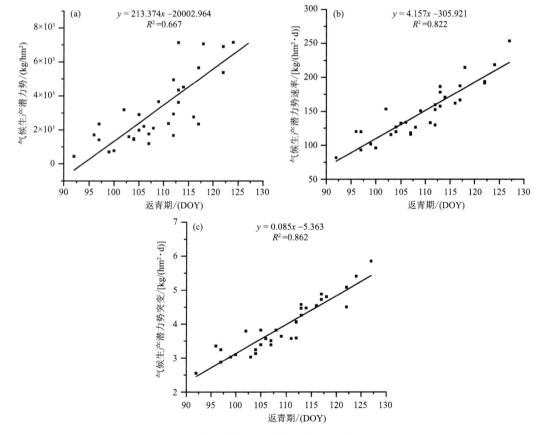

图 16.3 克氏针茅返青期与气候生产潜力的关系

(a)气候生产潜力势;(b)气候生产潜力势速率;(c)气候生产潜力势突变

16.3.2　克氏针茅抽穗期与气候生产潜力的关系分析

克氏针茅抽穗期日序与气候生产潜力势呈显著的正相关(图 16.4),但与气候生产潜力势速率及突变呈现显著的负相关。克氏针茅抽穗期日序与气候生产潜力势的相关(相关系数0.916)显著优于与气候生产潜力速率及突变的相关(相关系数分别为−0.868 和−0.779),反映克氏针茅抽穗期主要取决于气候资源的累积程度。基于克氏针茅抽穗期与气候生产潜力的关系可知,抽穗期的触发阈值取决于资源变化参数与生物学特征参数,即气候生产潜力势随日序变化的斜率(394.632)和截距(−38026.268)。

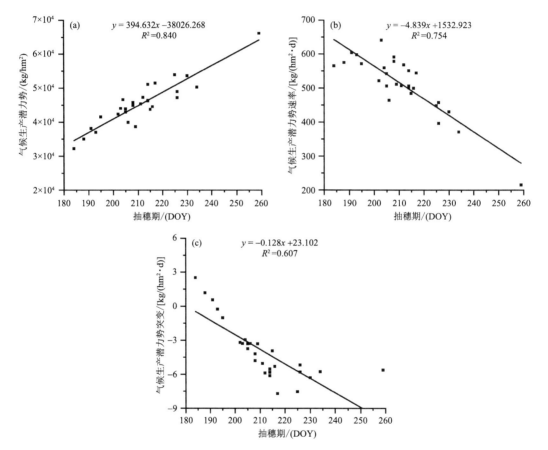

图 16.4　克氏针茅抽穗期与气候生产潜力关系
(a)气候生产潜力势;(b)气候生产潜力势速率;(c)气候生产潜力势突变

16.3.3　克氏针茅枯黄期与气候生产潜力的关系分析

克氏针茅枯黄期日序与气候生产潜力势及其突变呈显著正相关,但与气候生产潜力势速率呈现显著的负相关(图 16.5)。枯黄期日序与气候生产潜力势、气候生产潜力势速率和气候生产潜力势突变的相关系数分别为 0.561、−0.958 和 0.956。枯黄期日序与气候生产潜力势速率和突变的相关性均较好,体现克氏针茅植物枯黄期主要取决于对气候资源的利用速率与气象条件的剧烈变化。考虑到春季物候与秋季物候存在突变性(周广胜 等,2023),气候生产潜力势突变能够更好地体现植物枯黄期的变化。基于克氏针茅植物枯黄期与气候生产潜力势突变关系可知,枯黄期的触发阈值取决于资源变化参数与生物学特征参数,即气候生产潜力势突变随日序变化的斜率(0.086)和截距(−27.620)。

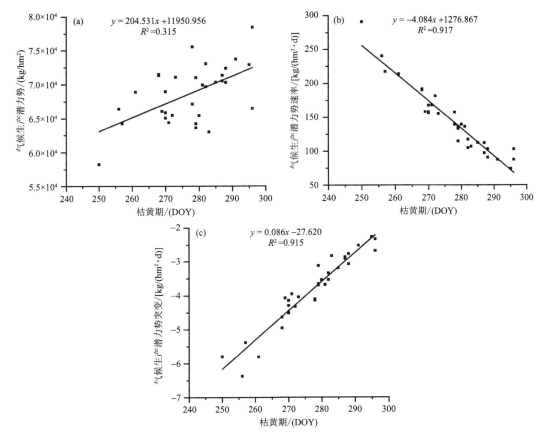

图 16.5　克氏针茅枯黄期与气候生产潜力势关系
(a)气候生产潜力势;(b)气候生产潜力势速率;(c)气候生产潜力势突变

16.4　兴安落叶松物候对全气候生产要素的阈值响应

1991—2017 年黑龙江五营地区兴安落叶松($Larix\ gmelinii$)的返青始期、返青盛期、生长盛期(种子成熟期)和叶变色期与气候生产潜力关系表明,各物候期均与气候生产力潜力势速率的关系较好,表明森林植物由于气候生产潜力较高,只需考虑累积气候生产潜力的变化趋势即可,不需要考虑累积气候生产潜力的突变(图 16.6~16.11)。

基于兴安落叶松的返青始期、返青盛期、生长盛期和叶变色期与气候生产潜力的关系可知,返青始期、返青盛期、生长盛期和叶变色期的触发阈值分别为气候生产潜力势随日序变化的斜率(4.3561、4.5687、−5.7376、−4.2357)和截距(−398.46、−422.98、1646.5、1260.1)。

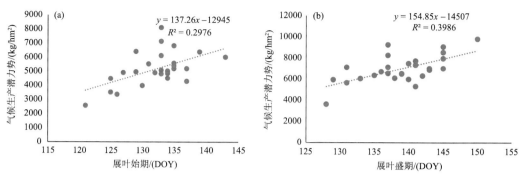

图 16.6　1991—2017 年黑龙江五营兴安落叶松展叶始期(a)和盛期(b)与气候生产潜力势关系

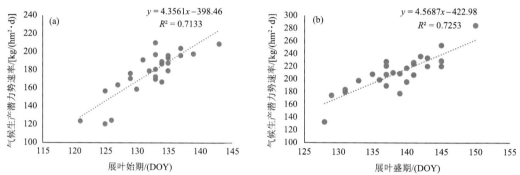

图 16.7　1991—2017 年黑龙江五营兴安落叶松展叶始期(a)和盛期(b)与气候生产潜力势速率关系

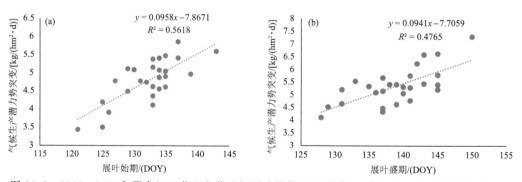

图 16.8　1991—2017 年黑龙江五营兴安落叶松展叶始期(a)和盛期(b)与气候生产潜力势突变关系

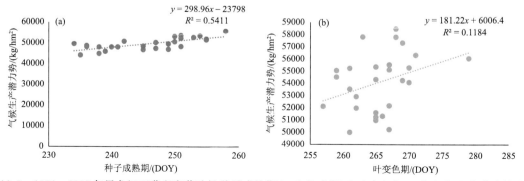

图 16.9　1991—2017 年黑龙江五营兴安落叶松种子成熟期(a,生长盛期)和叶变色期(b)与气候生产潜力势关系

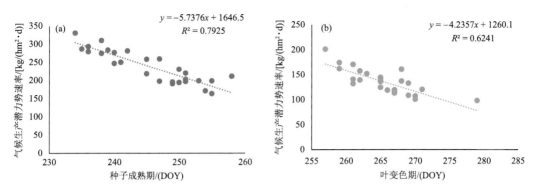

图 16.10　1991—2017 年黑龙江五营兴安落叶松种子成熟期(a,生长盛期)和叶变色期(b)与
累积气候生产潜力势速率关系

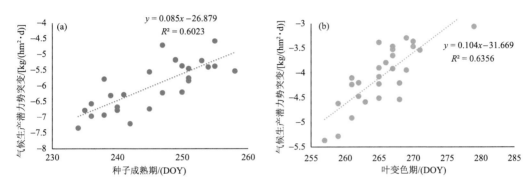

图 16.11　1991—2017 年黑龙江五营兴安落叶松种子成熟期(a,生长盛期)和叶变色期(b)与
累积气候生产潜力势突变关系

综上所述,尽管对于不同气候区不同类型植物不同物候期的植物全气候生产要素(气候生产潜力、气候生产潜力势及其速率和突变)的指示指标可能并不相同,但植物全气候生产要素表现出对物候的很好指示作用,可能是指示物候变化的重要指标。基于已有物候资料,建立植物全气候生产要素与物候期的关系,线性关系的系数(a_0 和 b_0)可以作为未来预测物候触发的 2 个阈值,体现了植物与环境长期相互作用的结果。在预测未来物候期时,可以根据前后 2 个日期及其对应的植物全气候生产要素值分别求解此时的线性模型中的系数 a 和 b,当 a 和 b 均大于数 a_0 和 b_0 时,物候即发生。

参考文献

包晓影,崔树娟,王奇,等,2017. 草地植物物候研究进展及其存在的问题[J]. 生态学杂志,36(8):2321-2326.

蔡庆生,2011. 植物生理学[M]. 北京:中国农业大学出版社.

代奎,曾秀,王鑫洋,等,2021. 春季增温对亚热带木本植物物候和生长的影响[J]. 生态学杂志,40(12):
　3881-3889.

代武君,金慧颖,张玉红,等,2020. 植物物候学研究进展[J]. 生态学报,40(19):6705-6719.

董晓宇,姚华荣,戴君虎,等,2020. 2000-2017年内蒙古荒漠草原植被物候变化及对净初级生产力的影响[J].
　地理科学进展,39(1):24-35.

高福光,韩国栋,石凤翎,等,2010. 短花针茅生殖物候和光合作用对增温和施氮的响应[J]. 内蒙古农业大学
　学报(自然科学版),31(2):104-108.

高亚敏,2018. 气候变化对通辽草甸草原草本植物物候期的影响[J]. 草业科学,35(2):423-433.

顾文杰,周广胜,吕晓敏,等,2022. 克氏针茅物候对气候变暖和水分变化的响应及其光合生理生态机制[J].
　生态学报,42(20):8322-8330.

郭建平,高素华,刘玲,2002. 中国北方地区牧草气候生产力及主要限制因子[J]. 中国生态农业学报,10(3):
　48-50.

国家气象局,1993. 农业气象观测规范[M]. 北京:气象出版社:171-172.

侯光良,刘允芬,1985. 我国气候生产潜力及其分区[J]. 自然资源(3):52-59.

胡明新,周广胜,2020. 拔节期干旱和复水对春玉米物候的影响及其生理生态机制[J]. 生态学报,40(1):
　274-283.

胡明新,周广胜,吕晓敏,等,2021. 温度和光周期协同作用对蒙古栎幼苗春季物候的影响[J]. 生态学报,41
　(7):2816-2825.

姜大膀,王晓欣,2021. 对IPCC第六次评估报告中有关干旱变化的解读[J]. 大气科学学报,44(5):650-653.

姜会飞,2008. 农业气象学[M]. 北京:科学出版社.

李合生,2000. 植物生理生化实验原理和技术[M]. 北京:高等教育出版社.

李虹雨,马龙,刘廷玺,等,2017. 1951-2014年内蒙古地区气温、降水变化及其关系[J]. 冰川冻土,39(5):
　1098-1112.

李孟洋,韩怡,王玉卓,2021. 缩短光周期对茅苍术生理生化指标的影响[J]. 北方园艺(14):122-127.

李晓婷,郭伟,倪向南,等,2019. 高寒草甸植物物候对温度变化的响应[J]. 生态学报,39(18):6670-6680.

李耀斌,张远东,顾峰雪,等,2019. 中国温带草原和荒漠区域春季物候的变化及其敏感性分析[J]. 林业科学
　研究,32(4):1-10.

刘玉洁,葛全胜,戴君虎,2020. 全球变化下作物物候研究进展[J]. 地理学报,75(1):14-24.

陆思宇,杨再强,2021. 光周期对切花菊生长及开花的调控[J]. 中国农业气象,42(7):596-605.

吕达,包刚,佟斯琴,等,2022. 锡林郭勒盟植被物候枯黄期对干湿变化的时间多尺度响应[J]. 中国环境科学,
　42(1):323-335.

马爱华,岳大鹏,赵景波,等,2020. 近60 a来内蒙古极端降水时空变化及其影响[J]. 干旱区研究,37(1):
　74-85.

马成祥,周广胜,宋兴阳,等,2022. 增温、光照时间和氮添加对蒙古栎主要物候期的影响[J]. 应用生态学报,
　33(12):3220-3228.

牟成香,孙庚,罗鹏,等,2013. 青藏高原高寒草甸植物开花物候对极端干旱的响应[J]. 应用与环境生物学报,19(2):272-279.

宋小艳,王根绪,冉飞,等,2018. 东北大兴安岭演替初期泰加林灌草层典型植物开花物候与生长对模拟暖干化气候的响应[J]. 植物生态学报,42(5):539-549.

陶泽兴,葛全胜,徐韵佳,等,2020. 西安和宝鸡木本植物花期物候变化及温度敏感度对比[J]. 生态学报,40(11):3666-3676.

田磊,朱毅,李欣,等,2022. 不同降水条件下内蒙古荒漠草原主要植物物候对长期增温和氮添加的响应[J]. 植物生态学报,46(3):290-299.

王炳忠,张富国,李立贤,1980. 我国的太阳能资源及其计算[J]. 太阳能学报,1(1):1-9.

王明,桑卫国. 2020. 暖温带乔木和灌木物候变化及对气候变化的响应[J]. 生态科学,39(1):164-175.

王学奎,2006. 植物生理生化实验原理与技术[M]. 北京:高等教育出版社.

王雅婷,朱长明,张涛,等,2022. 2002—2020 年秦岭—黄淮平原交界带植被物候特征遥感监测分析[J]. 自然资源遥感,34(4):225-234.

翁笃鸣,1964. 试论总辐射的气候学计算方法[J]. 气象学报,34(3):304-315.

吴芳兰,李书玲,杨梅,等,2021. LED 光质及光周期对香梓楠幼苗生长和光合特性的影响[J].. 广西植物:1-13.

肖芳,桑婧,王海梅,2020. 气候变化对内蒙古鄂温克旗典型草原植物物候的影响[J]. 生态学报,40(8):2784-2792.

徐韵佳,葛全胜,戴君虎,等,2019. 近 50 年中国典型木本植物展叶始期温度敏感度变化及原因[J]. 生态学报,39(21):8135-8143.

严中伟,丁一汇,翟盘茂,等,2020. 近百年中国气候变暖趋势之再评估[J]. 气象学报,78(3):370-378.

于沪宁,1985. 农业气候资源分析和利用[M]. 北京:气象出版社.

于美佳,叶彦辉,韩艳英,等,2021. 氮沉降对森林生态系统影响的研究进展[J]. 安徽农业科学,49(3):19-24+27.

翟盘茂,廖圳,陈阳,等,2017. 气候变暖背景下降水持续性与相态变化的研究综述[J]. 气象学报,75(4):527-538.

张峰,周广胜,王玉辉,2008. 内蒙古克氏针茅草原植物物候及其与气候因子关系[J]. 植物生态学报,32(6):1312-1322.

张钛仁,颜亮东,张峰,等,2007. 气候变化对青海天然牧草影响研究[J]. 高原气象,26(4):724-731.

张玉静,杨秀春,郭剑,等,2019. 呼伦贝尔草原物候变化及其与气象因子的关系[J]. 干旱区地理,42(1):144-153.

赵雪雁,万文玉,王伟军,2016. 近 50 年气候变化对青藏高原牧草生产潜力及物候期的影响[J]. 中国生态农业学报,24(4):532-543.

赵彦茜,肖登攀,柏会子,等,2019. 中国作物物候对气候变化的响应与适应研究进展[J]. 地理科学进展,38(2):224-235.

周波涛,钱进,2021. IPCC AR6 报告解读:极端天气气候事件变化[J]. 气候变化研究进展,17(6):713-718.

周广胜,2015. 气候变化对中国农业生产影响研究展望[J].. 气象与环境科学,38(1):80-94.

周广胜,宋兴阳,周梦子,等,2023. 植物物候变化的全气候生产要素影响机制与模型研究[J]. 中国科学:生命科学,53(3):380-389.

竺可桢,宛敏渭,1973. 物候学[M]. 北京:科学出版社.

BADECK W,BONDEAU A,BOTTCHER K,et al,2004. Responses of spring phenology to climate change [J]. New Phytologist,162(2):295-309.

BAI L,LV S,QU Z,et al,2022. Effects of a Warming Gradient on Reproductive Phenology of Stipa Breviflora in a Desert Steppe[M]. Ecological Indicators,136pp.

BERNACCHI C J,SINGSAAS E L,PIMENTEL C,et al,2001. Improved temperature response functions for models of Rubiso-limited photosynthesis[J]. Plant,Cell and Evironment,24:253-259.

CAFFARRA A,DONNELLY A,CHUINE I,2011. Modelling the timing of Betula pubescens budburst. II. Integrating complex effects of photoperiod into process-based models[J]. Clim Res,46:159-170.

CHASE T,N,PIELKE R A,KITTEL T G F,et al. 1996. Sensitivity of a general circulation model to global changes in leaf area index[J]. J Geophys Res,101:7393-7408.

CHEN L. ,HUANG J,MA Q,et al,2019. Long-term changes in the impacts of global warming on leaf phenology of four temperate tree species[J]. Glob Chang Biol,25(3):997-1004.

CHURKINA G,SCHIMEL D,BRASWELL B H,et al,2005. Spatial analysis of growing season length control over net ecosystem exchange[J]. Global Change Biology,11(10),1777-1787.

CONG N,PIAO S,CHEN A,et al,2012. Spring vegetation green-up date in China inferred from SPOT NDVI data:A multiple model analysis[J]. Agricultural and Forest Meteor,165:104-113.

CRABBE R A,DASH J,RODRIGUEZ-GALIANO V F,et al. 2016. Extreme warm temperatures alter forest phenology and productivity in Europe[J]. Sci Total Environ,563-564:486-495.

CUI T F,MARTZ L,GUO X L,2017. Grassland phenology response to drought in the Canadian Prairies[J]. Remote Sensing,9(12):1258.

DELPIERRE N,DUFRêNE E,SOUDANI K,et al,2009. Modelling interannual and spatial variability of leaf senescence for three deciduous tree species in France[J]. Agric For Meteorol,149:938-948.

DELPIERRE N,VITASSE Y,CHUINE I,et al,2016. Temperate and boreal forest tree phenology:from organ-scale processes to terrestrial ecosystem models[J]. Annals Forest Sci,73(1):5-25.

DENG H,YIN Y,WU S,et al,2019. Contrasting drought impacts on the start of phenological growing season in Northern China during 1982-2015[J]. International J Climatology,40(7):3330-3347.

ESTRELLA N,MENZEL A,2006. Responses of leaf colouring in four deciduous tree species to climate and weather in Germany[J]. Clim Res,32:253-267.

EYSHI R E,SIEBERT S,EWERT F,2015. Intensity of heat stress in winter wheat-phenology compensates for the adverse effect of global warming[J]. Environ Res Lett,10:024012.

FARQUHAR G D,CAEMMERER S V,BERRY J A,1980. A biochemical model of photosynthetic CO_2 assimilation in leaves of C3 species[J]. Planta,149:78-90.

FLYNN D F B,WOLKOVICH E M,2018. Temperature and photoperiod drive spring phenology across all species in a temperate forest community [J]. New Phytologist,219(4):1353-1362.

FRIEDL M. A. ,GRAY J. M. ,MELAAS E K,et al. 2014. A tale of two springs:Using recent climate anomalies to characterize the sensitivity of temperate forest phenology to climate change[J]. Environ Res Lett,9: 054006.

FU Y,CAMPIOLI M,DECKMYN G,et al,2013. Sensitivity of leaf unfolding to experimental warming in three temperate tree species[J]. Agric Forest Meteor,181:125-132.

FU Y,PIAO S,ZHOU X,et al,2019a. Short photoperiod reduces the temperature sensitivity of leaf-out in saplings of Fagus sylvatica but not in horse chestnut[J]. Glob Chang Biol,25(5):1696-1703.

FU Y,ZHANG X,PIAO S,et al,2019b. Daylength helps temperate deciduous trees to leafout at the optimal time[J]. Glob Change Biol,25(7):2410-2418.

FU Y,LI X,ZHOU X,et al,2020. Progress in plant phenology modeling under global climate change[J]. Sci China Earth Sci,63:1237-1247.

GALLINAT A S,PRIMACK R B,WAGNER D L,2015. Autumn,the neglected season in climate change research[J]. Trends Eco Evol,30(3):169-176.

GANJURJAV H,GORNISH E,HU G,et al,2020. Warming and precipitation addition interact to affect plant spring phenology in alpine meadows on the central Qinghai-Tibetan Plateau[J]. Agricul Forest Meteor,287. doi:10. 1016/j. agrformet. 2020. 107943

GE Q,WANG H,RUTISHAUSER T,et al. 2015. Phenological response to climate change in China:A meta-analysis[J]. Glob Change Biol,21(1):265-274.

GUO J,YANG X,NIU J,et al,2018. Remote sensing monitoring of green-up dates in the Xilingol grasslands of northern China and their correlations with meteorological factors[J]. International J Remote Sensing,40 (5/6),2190-2211.

GUO L,CHENG J,LUEDELING E,et al,2017. Critical climate periods for grassland productivity on China's Loess Plateau[J]. Agric Forest Meteor,233,101-109.

HÄNNINEN H,1990. Modelling bud dormancy release in trees from cool and temperate regions[J]. Acta For Fenn,213:1-47.

HÄNNINEN H,KRAMER K,TANINO K,et al,2019. Experiments are necessary in process-based tree phenology modelling[J]. Trends Plant Sci,24:199-209.

HE L,CHEN J M,CROFT H,et al,2017. Nitrogen availability dampens the positive impacts of CO2 fertilization on terrestrial ecosystem carbon and water cycles[J]. Geophys Res Let,44(22):11,590-11,600.

HOSSAIN A,TEIXEIRA DA SILVA J A,LOZOVSKAYA M V,et al,2012. High temperature combined with drought affect rainfed spring wheat and barley in South-Eastern Russia:I. Phenology and growth[J]. Saudi J Biol Sci,19(4):473-487.

HU Q,WEISS A,SONG F,et al,2005. Earlier winter wheat heading dates and warmer spring in the U. S. Great Plains[J]. Agric For Meteor,135(1):284-290.

HU X,HUANG Y,SUN W,et al,2017. Shifts in cultivar and planting date have regulated rice growth duration under climate warming in China since the early 1980s[J]. Agric Forest Meteor,247:34-41.

HUA T,WANG X M,ZHANG C,et al,2017. Responses of vegetation activity to drought in Northern China [J]. Land Degradation & Development,28(7):1913-1921.

IPCC. 2012. Managing the Risks of Extreme Events and Disasters to Advance Climate Change Adaptation:a Special Report of Working Groups I and II of the Intergovernmental Panel on Climate Change. Cambridge: Cambridge University Press.

IPCC,2013. IPCC Fifth Assessment Report(AR5). Cambridge:Cambridge University Press.

IPCC,2021. Climate change 2021:The physical science basis. Cambridge:Cambridge University Press.

IVITS E,HORION S,FENSHOLT R,et al,2014. Drought footprint on European ecosystems between 1999 and 2010 assessed by remotely sensed vegetation phenology and productivity[J]. Global Change Biology,20 (2):581-593.

JEONG S J,HO C H,GIM H J,et al,2011. Phenology shifts at start vs. end of growing season in temperate vegetation over the Northern Hemisphere for the period 1982−2008. Glob Change Biol,17:2385-2399.

JOCHNER S C,BECK I,BEHRENDT H,et al. 2011. Effects of extreme spring temperatures on urban phenology and pollen production:A case study in Munich and Ingolstadt[J]. Clim Res,49:101-112.

KANG W,WANG T,LIU S,2018. The Response of Vegetation Phenology and Productivity to Drought in Semi-Arid Regions of Northern China[J]. Remote Sensing,10(5). doi:10. 3390/rs10050727.

KANNIAH K D,BERINGER J,HUTLEY L B,et al,2009. Evaluation of Collections 4 and 5 of the MODIS Gross Primary Productivity product and algorithm improvement at a tropical savanna site in northern Australia[J]. Remote Sensing Environment,113(9):1808-1822.

KEELING C D,CHIN J F S,WHORF T P,1996. Increased activity of northern vegetation inferred from atmospheric CO$_2$ measurements[J]. Nature,382:146-149

KOBAYASHI K,FUCHIGAMI L,ENGLISH M,1999. Modeling temperature requirements for rest development in Cornus sericea[J]. Amer Soc Hort Sci,107:914-918.

KRAMER K,1994. Selecting a model to predict the onset of growth of fagus sylvatica[J]. J Appl Ecol,31:172-181.

LAI P Y,ZHANG M,GE Z X,et al,2020. Responses of seasonal indicators to extreme droughts in Southwest China[J]. Remote Sensing,12(5):818.

LANDSBERG J J,1974. Apple fruit bud development and growth:Analysis and an empirical model[J]. Ann Bot,38:1013-1023.

LANG W,CHEN X,QIAN S,et al,2019. A new process-based model for predicting autumn phenology:How is leaf senescence controlled by photoperiod and temperature coupling? [J]. Agric Forest Meteor,268:124-135.

LAUBE J,SPARKS T H,ESTRELLA N,et al,2013. Chilling outweighs photoperiod in preventing precocious spring development[J]. Glob Change Biol,20:170-182.

LAUBE J,SPARKS T H,ESTRELLA N,et al,2014. Does humidity trigger tree phenology? Proposal for an air humidity based framework for bud development in spring[J]. New Phytol,202:350-355.

LI C L,FILHO W L,YIN J,et al,2018. Assessing vegetation response to multi-time-scale drought across inner Mongolia plateau[J]. J Cleaner Production,179:210-216.

LI X,GUO W,CHEN J,et al,2019. Responses of vegetation green-up date to temperature variation in alpine grassland on the Tibetan Plateau[J]. Ecological Indicators,104,390-397.

LIU L,MONACO T A,SUN F,et al,2017. Altered precipitation patterns and simulated nitrogen deposition effects on phenology of common plant species in a Tibetan Plateau alpine meadow[J]. Agricul Forest Meteor,236:36-47.

LIU Q,FU Y,ZENG Z,et al,2016. Temperature,precipitation,and insolation effects on autumn vegetation phenology in temperate China[J]. Glob Change Biol,22:644-655.

LUTERBACHER J,LINIGER M A,MENZEL A,et al,2007. Exceptional European warmth of autumn 2006 and winter 2007:Historical context,the underlying dynamics,and its phonological impacts[J]. Geophys Res Lett,34:L12740.

MENG L,ZHOU Y,GU L,et al,2021. Photoperiod decelerates the advance of spring phenology of six deciduous tree species under climate warming[J]. Glob Chang Biol,27(12):2914-2927.

MENZEL A,SPARKS T H,ESTRELLA N,et al,2006a. European phonological response to climate change matches the warming pattern[J]. Glob Change Biol,12(10):1969-1976.

MENZEL A,VON VOPELIUS J,ESTRELLA N,et al,2006b. Farmers' annual activities are not tracking the speed of climatc change[J]. Clim Res,32(3):201-207.

MISRA N,GUPTA A K,2005. Effect of salt stress on proline metabolism in two high yielding genotypes of green gram[J]. Plant science,169(2):331-339.

MYOUNG B,CHOI Y S,HONG S,et al,2013. Inter-and intra-annual variability of vegetation in the northern hemisphere and its association with precursory meteorological factors[J]. Global Biogeochemical Cycles,27(1):31-42.

NAGY L,KREYLING J,GELLESCH E,et al,2013. Recurring weather extremes alter the flowering phenology of two common temperate shrubs[J]. International J Biometeorology,57(4):579-588.

NOGUEIRA C,BUGALHO M N PEREIRA J S et al,2017. Extended autumn drought,but not nitrogen deposition,affects the diversity and productivity of a Mediterranean grassland[J]. Environmental and Experimental Botany,138:99-108

PANCHEN Z A,PRIMACK R B,NORDT B,et al,2014. Leaf out times of temperate woody plants are related to phylogeny,deciduousness,grow habit and wood anatomy[J]. New Phytol,203(4):1208-1219.

PARMESAN C,YOHE G,2003. A globally coherent fingerprint of climate change impacts across natural systems[J]. Nature,42l(6918):37-42.

PENG J,WU C Y,ZHANG X Y,et al,2019. Satellite detection of cumulative and lagged effects of drought on autumn leaf senescence over the Northern Hemisphere[J]. Global Change Biology,25(6):2174-2188.

PEÑUELAS J,RUTISHAUSER T,FILELLA I,2009. Phenology feedbacks on climate change[J]. Science, 324:887-888.

PIAO S,FRIEDLINGSTEIN P,CIAIS P,et al,2007. Growing season extension and its impact on terrestrial carbon cycle in the Northern Hemisphere over the past 2 decades[J]. Global Biogeochem Cycles,21(3):1-11.

PIAO S,CIAIS P,FRIEDLINGSTEIN P,et al,2008. Net carbon dioxide losses of northern ecosystems in response to autumn warming[J]. Nature,451:49-52.

PLETSERS A,CAFFARRA A,KELLEHER C T,et al,2015. Chilling temperature and photoperiod influence the timing of bud burst in juvenile Betula pubescens Ehrh. and Populus tremula L. trees[J]. Ann Forest Sci,72(7):941-953.

PREVéY J S,SEASTEDT T R,2015. Seasonality of precipitation interacts with exotic species to alter composition and phenology of a semiarid grassland[J]. J Ecol,102:1549-1561.

RAMMING A,MAHECHA M D,2015. Ecosystem responses to climate extremes[J]. Nature,527:315-316.

REAUMUR R A F,1735. Observations du thermomètre,faitesà Paris pendant I'anneé 1735,compares avec celles qui ont été faites sous la ligne,àl'isle de France,à Alger et quelques unes de nos isles de I'Ame'rique (in French)[J]. Mem Paris Acad Sci,1735:545.

REN X,AN S,2017. Assessing plant senescence reflectance index-retrieved vegetation phenology and its spatiotemporal response to climate change in the Inner Mongolian Grassland[J]. Int J Biometeorol,61(4),601-612.

RICHARDSON A D,BAILEY A S,DENNY E G,et al,2010. Phenology of a northern hardwood forest canopy [J]. Glob Change Biol,12:1174-1188.

SADRAS V O,MONZON J R,2006. Modelled wheat phenology captures rising temperature trends:Shortened time to flowering and maturity in Australia and Argentina[J]. Field Crop Res,99(2):136-146.

SONG Z,SONG X,PAN Y,et al,2020. Effects of winter chilling and photoperiod on leaf-out and flowering in a subtropical evergreen broadleaved forest in China[J]. For Ecol Manage,458:117766.

SUN J M,LIU W,PAN Q M,et al,2022. Positive legacies of severe droughts in the Inner Mongolia grassland [J]. Sci Adv,8(47):eadd6249.

TAO F,ZHANG S,ZHAO Z,2012. Spatiotemporal changes of wheat phenology in China under the effects of temperature,day length and cultivar thermal characteristics[J]. Eur J Agron,43(43):201-212.

TAO F,ZHANG Z,SHI W,et al,2013. Single rice growth period was prolonged by cultivars shifts,but yield was damaged by climate change during 1981-2009 in China,and late rice was just opposite[J]. Glob Change Biol,19(10):3200-3209.

TAO F,ZHANG Z,XIAO D,et al,2014a. Responses of wheat growth and yield to climate change in different climate zones of China,1981-2009[J]. Agric For Meteor 189-190(189):91-104.

TAO F,ZHANG S,ZHANG Z,et al,2014b. Maize growing duration was prolonged across China in the past three decades under the combined effects of temperature,agronomic management,and cultivar shift[J]. Glob Change Biol,20(12):3686-3699.

TAO Z,WANG H.,LIU Y,et al,2017. Phenological response of different vegetation types to temperature and precipitation variations in northern China during 1982-2012[J]. Int J Remote Sens,38:3236-3252.

TAO Z,WANG H,DAI J,et al,2018. Modeling spatiotemporal variations in leaf coloring date of three tree species across China[J]. Agric For Meteorol,249:310-318.

VICENTE-SERRANO S M,BEGUERÍA S,LÓPEZ-MORENO J I,2010. A multiscalar drought index sensitive to global warming:the Standardized Precipitation Evapotranspiration Index[J]. J Climate,23(7): 1696-1718.

VITASSE Y,DELZON S,DUFRêNE E,et al,2009. Leaf phenology sensitivity to temperature in European trees:Do within-species populations exhibit similar responses? [J]. Agric For Meteorol,149:735-744.

VITASSE Y,BRESSON C C,KREMER A,et al,2010. Quantifying phonological plasticity to temperature in two temperate tree species[J]. Funct Ecol,24:1211-1218.

WALTHER G R,POST E,CONVEY P,et al,2002. Ecological responses to recent climate change[J]. Nature,416(6879):389-395.

WANG H,GE Q,DAI J,et al,2015. Geographical pattern in first bloom variability and its relation to temperature sensitivity in the USA and China[J]. Int J Biometeorol,59(8):961-969.

WANG X,CIAIS P,LI L,et al,2017. Management outweighs climate change on affecting length of rice growing period for early rice and single rice in China during 1991-2012[J]. Agric For Meteorol,233:1-11.

WANG H,WEI Y,ZHANG W,et al,2019. Inner Mongolian grassland plant phenological changes and their climatic drivers[J]. Sci Total Environ,683:1-8.

WANG H,GE Q,DAI J,2020a. The interactive effects of chilling,photoperiod,and forcing temperature on flowering phenology of temperate woody plants[J]. Frontiers in Plant Sci,11:443.

WANG X,WU C,ZHANG X,et al,2020b. Satellite-observed decrease in the sensitivity of spring phenology to climate change under high nitrogen deposition[J]. Environ Res Lett,15:094055.

WANG H,TAO Z,WANG H,et al,2021. Varying temperature sensitivity of bud-burst date at different temperature conditions[J]. Int J Biometeorol,65(3):357-367.

WAY D A,MONTGOMERY R A,2015. Photoperiod constraints on tree phenology,performance and migration in a warming world[J]. Plant Cell Environ,38:1725-1736.

WHITTINGTON H R,TILMAN D,WRAGG P D,et al,2015. Phenological responses of prairie plants among species and year in a three-year experimental warming study[J]. Ecosphere,6(10). DOI:10.1890/es15-00070.1

WU C Y,PENG J,CIAIS P,et al,2022. Increased drought effects on the phenology of autumn leaf senescence [J]. Nature Climate Change,12(10):943-949.

XI Y,ZHANG T,ZHANG Y,et al,2018. Nitrogen Addition Alters the Phenology of a Dominant Alpine Plant in Northern Tibet[J]. Arctic Antarctic Alpine Res,47(3):511-518.

XIE Y, WANG X, SILANDER J A, 2015. Deciduous forest responses to temperature,precipitation,and drought imply complex climate change impacts[J]. Proc Natl Acad Sci USA,112:13585-13590.

YUAN M X,ZHAO L,LIN A W,et al,2020. Impacts of preseason drought on vegetation spring phenology across the Northeast China Transect[J]. Sci Total Environ,738:140297.

YUN J,JEONG S J,HO C H,et al,2018. Influence of winter precipitation on spring phenology in boreal forests[J]. Global Change Biol,24(11):5176-5187.

ZENG Z Q,WU W X,GE Q S,et al,2021. Legacy effects of spring phenology on vegetation growth under preseason meteorological drought in the Northern Hemisphere[J]. Agric Forest Meteor,310:108630.

ZHANG S,TAO F,ZHANG Z,2014. Rice reproductive growth duration increased despite of negative impacts of climate warming across China during 1981－2009[J]. Eur J Agr,54:70-83.